Reiner Wahl

Untersuchung des Einflusses von Mikrotexturierungen auf den einsinnigen, ölgeschmierten Gleitkontakt von Stahl / Saphir-Paarungen

Untersuchung des Einflusses von Mikrotexturierungen auf den einsinnigen, ölgeschmierten Gleitkontakt von Stahl/Saphir-Paarungen

von
Reiner Wahl

Dissertation, Karlsruher Institut für Technologie
Fakultät für Maschinenbau, 2010

Impressum

Karlsruher Institut für Technologie (KIT)
KIT Scientific Publishing
Straße am Forum 2
D-76131 Karlsruhe
www.ksp.kit.edu

KIT – Universität des Landes Baden-Württemberg und nationales
Forschungszentrum in der Helmholtz-Gemeinschaft

KIT Scientific Publishing 2011
Print on Demand

ISBN 978-3-86644-618-2

Untersuchung des Einflusses von Mikrotexturierungen auf den einsinnigen, ölgeschmierten Gleitkontakt von Stahl/Saphir-Paarungen

Zur Erlangung des akademischen Grades
Doktor der Ingenieurwissenschaften
der Fakultät für Maschinenbau
Karlsruher Institut für Technologie (KIT)

genehmigte
Dissertation
von

Dipl.-Ing. Reiner Wahl
aus Schwalbach-Elm

Tag der mündlichen Prüfung: 09. November 2010
Hauptreferent: o. Prof. Dr.-Ing. K.-H. Zum Gahr
Korreferent: o. Prof. Dr.-Ing. habil. G. Knoll

Danksagung

Die vorliegende Arbeit entstand in den Jahren 2006 bis 2010 während meiner Tätigkeit als akademischer Mitarbeiter am Institut für Werkstoffkunde II des Karlsruher Instituts für Technologie (KIT) im Rahmen des von der Deutschen Forschungsgemeinschaft (DFG) geförderten Sonderforschungsbereichs 483. Meinem Betreuer Prof. Dr.-Ing. K.-H. Zum Gahr möchte ich für sein großes Interesse an dieser Arbeit und die Unterstützung des Promotionsvorhabens danken. Weiter möchte ich Prof. Dr.-Ing. habil. G. Knoll für die Übernahme des Korreferats und Prof. Dr.-Ing. S. Matthiesen für den Prüfungsvorsitz danken.

Dr.-Ing. J. Schneider half mit Anteilnahme Auswege aus schwierigen Situationen zu finden. Ihm gebührt besonderer Dank. Stellvertretend für alle Mitarbeiter und Mitarbeiterinnen des Instituts für Materialforschung I des KIT, die mich aktiv oder passiv unterstützt haben, möchte ich mich bei H. Franz, J. Howell und P. Severloh bedanken. Zudem danke ich S. Mumbauer und U. Albers für die Kooperation beim Funkenerodieren bzw. beim PVD-Beschichten.

Vielen Dank an Dipl.-Ing. (FH) S. Blaßmann für die tatkräftige Unterstützung beim Lasertexturieren, Dipl.-Ing. (FH) M. Milich für die Lösung von Soft- und Hardwareproblemen, W. Dörfler und J. Lang für Ratschläge bei konstruktiven Maßnahmen sowie K. Hahn, N. Kandora und F. Keller für das Erstellen rasterelektronenmikroskopischer Aufnahmen und das Vergüten der Proben. Meinen Studienarbeitern P. Wölfle und S. Horn sowie den studentischen Hilfskräften A. Srour, M. Strub, B. Liesching, H. Wagner, C. de Biasi, G. Brunnbauer und L. Köster möchte ich für deren Motivation und Engagement danken.

Den Kollegen M. Wöppermann, K. Wauthier, R. Wallstabe und S. Kurzenhäuser danke ich für die intensiven fachlichen und fachfremden Diskussionen und das freundschaftliche Klima.

Besonderer Dank gebührt meiner Lebensgefährtin und meinen Eltern für deren Verständnis und Geduld.

Reiner Wahl   Karlsruhe, den 11.11.2010

Kurzfassung

Steigende technische, ökonomische und ökologische Anforderungen an hochbeanspruchte Tribosysteme verlangen nach neuen Lösungen. Ingenieurkeramische Werkstoffe versprechen ein großes Potenzial, wenn hohe mechanische und thermische Stabilität sowie ein hoher Verschleißwiderstand gefordert werden. Zur gezielten Beeinflussung des Reibungsverhaltens können Wirkflächentexturierungen ein effizientes Hilfsmittel darstellen. Daher war das Ziel der vorliegenden Forschungsarbeit, den Einfluss von Wirkflächentexturierungen zu untersuchen.

In zwei Labortribometern wurden grundlagenorientierte Versuche im einsinnigen, ölgeschmierten Gleitkontakt an polierten bzw. mit Mikrokanälen texturierten 100Cr6-Stahl/ Saphir-Paarungen im Hinblick auf Friktionssysteme wie nasslaufende Lamellenkupplungen durchgeführt. In einem „In situ-Tribometer" wurde die Entwicklung des Schmierfilms in der Kontaktzone und dessen Auswirkung auf das Reibungsverhalten bei Normalkräften bis 10 N und Gleitgeschwindigkeiten bis 0,30 m/s analysiert. Die Übertragbarkeit der Ergebnisse aus Versuchen im „In situ-Tribometer" auf Normalkräfte bis 60 N und Gleitgeschwindigkeiten bis 10,0 m/s wurde in dem „UMT3"-Tribometer untersucht. Weiterhin wurde in diesem Prüfstand der Einfluss von Mikrotexturen auf die Temperaturentwicklung im Tribokontakt gemessen.

Die Versuchsergebnisse zeigten, dass kanalartige Mikrotexturen zu einer Reduzierung der Schmierfilmdicke und damit zu einer Erhöhung der Reibungszahl im Vergleich zu untexturierten Referenzversuchen führten. Dies wurde auf ein begünstigtes Abfließen von Öl aus der Kontaktfläche zurückgeführt, wobei die Orientierung der Kanäle zur Gleitrichtung eine wichtige Rolle spielte. Im Gegensatz hierzu wurde durch eine Verjüngung der Kanalbreite in Gleitrichtung eine Erhöhung der Schmierfilmdicke und eine niedrigere Reibungszahl in Relation zu Versuchen mit nur polierten Kontaktflächen erreicht. Außerdem bewirkten Paarungen mit gekreuzten Kanälen bei gleicher Reibleistung eine geringere Kontakterwärmung als polierte Paarungen. Die Wirkung der kanalartigen Mikrotexturen auf tribologische Kenngrößen wie Schmierfilmdicke und Reibungszahl wurde durch Modellbildung auf relevante Kenngrößen wie den texturierten Flächenanteil, die Texturbreite und die Texturtiefe zurückgeführt. Das Modell liefert einen Ansatzpunkt zur systemspezifischen Auslegung von Wirkflächentexturierungen als Konstruktionsdetail in ölgeschmierten Friktionssystemen.

Abstract

Increasing technical, economical and environmental requirements call for new solutions for sliding systems. Advanced ceramics show high potential for applications where high mechanical and thermal stability as well as high wear resistance are required. Microtexturing of a functional surface can be an efficient tool to improve tribological behaviour of a present material pair. Aim of this work was to study the influence of microtexturing on tribological behaviour in oil-lubricated unidirectional sliding contact.

In two different test rigs a more experimentally oriented study was carried out on hardened steel 100Cr6/sapphire pairs with polished or Laser-induced channel-based microtextured functional surface of the steel with regard to sliding systems such as wet disc clutches. Using an „In situ" test rig development of oil film on the contact area and its impact on friction at sliding velocities up to 0.30 m/s and normal loads up to 10 N were in the centre of interest. Transferability of results from „In situ" tests to normal loads up to 60 N and sliding velocities up to 10 m/s was proved using a laboratory tribometer „UMT3". Moreover, temperature rise in contact area of friction pairs with polished or microtextured functional surface was measured using that tribometer.

Results showed that channel-like textures reduced film thickness and thus increased friction coefficient in relation to untextured pairs. This was caused by an increased oil flow out of contact area, whereas the orientation of channels to sliding direction was a crucial factor. Contrarily, film thickness was increased and friction reduced compared to pairs with polished functional surface by use of textures with decreasing channel width in sliding direction. Furtheron at an equal friction power crossed channels showed less rise in contact temperature as pairs with polished surface. Impact of microchannels on tribological parameters as film thickness and friction coefficient was related to relevant texture parameters as area coverage fraction, channel width and channel depth by descriptive modelling. The developed model provides first approaches to design a system-specific microtexture as a detail on a functional surface in oil lubricated friction systems.

Inhaltsverzeichnis

Nomenklatur

a	[µm]	-	Radius der realen Kontaktfläche
a_{pl}	[µm]	-	Radius der realen Kontaktfläche durch plastische Verformung
a_{el}	[µm]	-	Radius der realen Kontaktfläche durch elastische Verformung
a_N	[µm]	-	Nadelabstand
a_{tex}	[-]	-	texturierter Flächenanteil
A	[mm^2]	-	Fläche
A_0	[mm^2]	-	nominelle Kontaktfläche
A_1	[-]	-	Fitkonstante
A_2	[°C]	-	Fitkonstante
A_3	[Pa $\cdot$ s]	-	Fitkonstante
A_4	[m$^{3/2}$]	-	Fitkonstante
A_r	[mm^2]	-	reale Kontaktfläche
A_s	[mm^2]	-	Fläche mit Festkörperkontakt
B	[mm]	-	Breite des Schmierspalts
c_p, c_{p1}	[J/(kg$\cdot$K)]	-	spezifische Wärmekapazität (1) der Scheibe
c_u	[-]	-	Konstante nach Ubbelohde-Walter
C^*	[-]	-	Geometriefaktor des Schmierspalts
d	[µm]	-	Texturtiefe
d_h	[µm]	-	hydraulischer Durchmesser
d_{mess}	[µm]	-	Messsignal
d_{ref}	[µm]	-	Referenzsignal
D	[mm]	-	mittlerer Durchmesser des Mikrokontakts
D_0	[mm]	-	Pelletdurchmesser
E_1, E_2	[GPa]	-	E-Moduln von Grund und Gegenkörper
$\tilde{E}$	[GPa]	-	reduzierter E-Modul im ebenen Spannungszustand
f	[Hz]	-	Frequenz
F_{ab}	[N]	-	Abhebekraft
F_{lap}	[N]	-	Laplacekraft
F_N	[N]	-	Normalkraft

F_R	[N]	-	Reibungskraft
F_{str}	[N]	-	Reibungswiderstand durch Strömung
F_{tr}, F_{max}	[N]	-	Trennkraft bzw. maximale Trennkraft
h	[µm]	-	Schmierfilmdicke
$\hat{h}$	[µm]	-	Schmierfilmdicke der glatten Oberflächen
$\tilde{h}$	[µm]	-	Schmierfilmdicke bei Maximaldruck im Keilspalt
h^*	[µm]	-	gemessene Schmierfilmdicke
h_0, $h_{0instat}$, h_{0stat}	[µm]	-	Schmierfilmdicke am Ende des Schmierspalts im instationären (instat) und stationären (stat) Zustand
h_1, $h_{1instat}$, h_{1stat}	[µm]	-	Schmierfilmdicke am Anfang des Schmierspalts im instationären (instat) und stationären (stat) Zustand
h_{max}	[µm]	-	maximale Schmierfilmdicke
h_{NP}	[µm]	-	Nullpunkt der Schmierfilmdickenmessung
h_{pol}	[µm]	-	Referenzschmierfilmdicke bei untexturierten, polierten Wirkflächen
H	[N/m^2]	-	Härte
k	[-]	-	Korrekturfaktor vom rechteckigen auf Trapez förmigen Kanalquerschnitt
K	[-]	-	Keilparameter
K_u	[-]	-	Konstante nach Ubbelohde-Walter
L, L_{instat}, L_{stat}	[mm]	-	Länge des Schmierspalts im instationären (instat) und stationären (stat) Zustand
l_c	[mm]	-	charakteristische Länge des Rauheitprofils
Pe	[-]	-	Peclet-Zahl
M_{r1}	[%]	-	Materialanteil oberhalb des Kernprofils
M_{r2}	[%]	-	Materialanteil unterhalb des Kernprofils
m	[-]	-	Exponent
m_u	[-]	-	Geradensteigung nach Ubbelohde-Walter
$\mathbf{n}$	[-]	-	Normalenvektor
N	[-]	-	Anzahl der Mikrokontakte
o	[µm]	-	mittlerer Kanal- oder Näpfchenabstand
p	[Pa]	-	Druck
$\hat{p}$	[Pa]	-	Druck bei glatten Oberflächen
p_A	[Pa]	-	Flächenpressung
p_o	[Pa]	-	Umgebungsdruck
P_{max}	[W]	-	Maximalleistung des Lasers
P_{rel}	[%]	-	relative Laserleistung
r	[µm]	-	mittlerer Radius der Rauheitsspitzen

r_1	[mm]	- Radius einer Kapillarbrücke
R	[mm]	- Spurradius
R_a	[μm]	- arithmetischer Mittenrauwert
Re	[-]	- Reynoldszahl
R_k	[μm]	- Kernrautiefe
R_{pk}	[μm]	- reduzierte Spitzenhöhe
R_q	[μm]	- quadratischer Mittenrauwert bzw. Standardabweichung des Rauheitsprofils
R_{q1}, R_{q2}	[μm]	- quadratischer Mittenrauwert (1) des Grund- und (2) Gegenkörpers
$\bar{R}_q$	[μm]	- mittlerer Rauheitswert von Grund- und Gegenkörper
R_{vk}	[μm]	- reduzierte Riefentiefe
R_t	[μm]	- Gesamthöhe des Rauheitsprofils
R_z	[μm]	- gemittelte Rautiefe
s_B	[μm]	- Spurbreite beim Lasertexturieren
t	[s]	- Zeit
t_1, t_2, t_3	[s]	- Zeitpunkte
T	[°C]	- Temperatur
T_f	[°C]	- Blitztemperatur
$U = U_1 + U_2$	[m/s]	- Summengeschwindigkeit in x-Richtung aus (2) Pellet- und (1) Scheibengeschwindigkeit
v	[m/s]	- Gleitgeschwindigkeit
$\bar{v}$	[m/s]	- mittlere Gleitgeschwindigkeit
$V = V_1 + V_2$	[m/s]	- Summengeschwindigkeit in y-Richtung aus (2) Pellet- und (1) Scheibengeschwindigkeit
$\dot{v}$	[m/s^2]	- Beschleunigung
$\mathbf{v}$	[m/s]	- Geschwindigkeitsvektor
v_B	[m/s]	- Bearbeitungsgeschwindigkeit
v_{krit}	[m/s]	- kritische Gleitgeschwindigkeit
V_0	[mm^3/mm^2]	- auf die Fläche bezogenes Ölrückhaltevolumen
V_{ges}	[mm^3]	- zugeführtes Gesamtvolumen
$V_{Öl}$	[mm^3]	- Ölvolumen
V_{tex}	[mm^3]	- Ölfassungsvermögen der Texturierung
V_{Trapez}	[mm^3]	- Ölfassungsvermögen der Texturierung mit trapezförmigen Querschnitt
$\dot{V}$	[mm^3/s]	- Volumenstrom
$\dot{V}_{Ab}$	[mm^3/s]	- Schmiermittelabfluss
$\dot{V}_{Öl}$	[mm^3/s]	- Schmiermittelvolumenstrom

$\dot{V}_{Zu}$	$[\mathrm{mm^3/s}]$	-	Schmiermittelzufluss
w	$[\mu\mathrm{m}]$	-	Texturbreite
$\tilde{w}$	$[\mu\mathrm{m}]$	-	Reduzierung der Texturbreite durch die Flankenschräge
w_1, w_2	$[\mathrm{m/s}]$	-	Geschwindigkeiten in z-Richtung
W	$[\mathrm{N}]$	-	Tragfähigkeit
x, y, z	$[\mathrm{mm}]$	-	Koordinaten
α	$[\mathrm{grd}]$	-	Winkel zur Kennzeichnung der Orientierung der Texturierung zur Gleitrichtung
β_s	$[\text{-}]$	-	Anteil an Festkörperkontakt
γ	$[\text{-}]$	-	Peklenik-Zahl zur Orientierung von Rauheiten
ΔT	$[\mathrm{K}]$	-	gemessene Kontakttemperaturerhöhung
$\delta_1, \delta_2, \delta_{2max}$	$[\mu\mathrm{m}]$	-	statistische bzw. maximale Rauheitsschwankungen
ϵ	$[\mathrm{grd}]$	-	Flankenwinkel der Kanäle
η	$[\mathrm{Pa \cdot s}]$	-	dynamische Viskosität
θ	$[\mathrm{grd}]$	-	Benetzungswinkel
$\theta_1, \theta_2, \theta_3$	$[\mathrm{grd}]$	-	Benetzungswinkel zu bestimmten Zeitpunkten
λ	$[\mathrm{nm}]$	-	Wellenlänge
$\lambda_{th}, \lambda_{th1}, \lambda_{th2}$	$[\mathrm{W/(m \cdot K)}]$	-	thermische Leitfähigkeit (1) von Scheibe und (2) Pellet
Λ	$[\text{-}]$	-	spezifische Schmierfilmdicke
μ	$[\text{-}]$	-	Reibungszahl
μ_{mix}	$[\text{-}]$	-	Reibungszahl im Mischreibungsbereich
μ_{coul}	$[\text{-}]$	-	Reibungszahl bei Festkörperreibung
μ_{hyd}	$[\text{-}]$	-	Reibungszahl bei hydrodynamischer Reibung
ν	$[\mathrm{mm^2/s}]$	-	kinematische Viskosität
ν_1, ν_2	$[\text{-}]$	-	Querkontraktions- oder Poissonzahlen
$\boldsymbol{\omega}$	$[\mathrm{rad/s}]$	-	Winkelgeschwindigkeit der Scheibe
ρ, ρ_1	$[\mathrm{kg/m^3}]$	-	Dichte (1) der Scheibe
σ_l	$[\mathrm{N/m}]$	-	Oberflächenspannung der Flüssigkeit
σ_s	$[\mathrm{N/m}]$	-	Oberflächenspannung des Festkörpers
σ_{sl}	$[\mathrm{N/m}]$	-	Grenzflächenspannung Flüssigkeit/Festkörper
$\boldsymbol{\tau}$	$[\mathrm{N/mm^2}]$	-	vektorielle Schubspannungsverteilung
τ	$[\mathrm{N/mm^2}]$	-	Scherspannung
$\phi_{x,y}, \phi_s$	$[\text{-}]$	-	Druck- und Scherflussfaktoren
ψ	$[\text{-}]$	-	Plastizitätsindex
ξ	$[\text{-}]$	-	normierte x-Koordinate

Abkürzungsverzeichnis

100Cr6	-	Wälzlagerstahl mit ca. 1 % Kohlenstoff und 1,5 % Chrom
	-	verwendet im vergüteten Zustand
Al_2O_3	-	Aluminiumoxid-Keramik
SSiC	-	gesinterte Siliziumkarbid-Keramik
EKasic F	-	gesinterte Siliziumkarbid-Keramik
		der Firma ESK Ceramics
Saphir	-	einkristallines Al_2O_3
PK	-	parallele Kanäle
PK-kon	-	konvergente, parallele Kanäle
PK-div	-	divergente, parallele Kanäle
GK	-	gekreuzte Kanäle
RN	-	runde Näpfchen
FRT	-	konfokales Weißlichtinterferometer
UMT3	-	Labortribometer der Fa. CETR
REM	-	Raster-Elektronen-Mikroskopie
$Nd{:}YVO_4$-YAG	-	Neodym-dotierter Ytterbiumvanadat-
		Yttrium-Aluminium-Granat-Laser
DFG	-	Deutsche Forschungsgemeinschaft
FVA	-	Forschungsvereinigung Antriebstechnik
SFB 483	-	Sonderforschungsbereich 483: „Hochbeanspruchte Gleit- und
		Friktionssysteme auf Basis ingenieurkeramischer Werkstoffe"

1 Einleitung

In den 60-er Jahren begann man die durch Reibung und Verschleiß hervorgerufenen wirtschaftlichen Verluste im Rahmen einer neuen Disziplin, der Tribologie, wissenschaftlich zu erforschen. Im Zuge steigender technischer, ökonomischer und ökologischer Anforderungen müssen heutige Komponenten ständig wachsenden Belastungen standhalten und immer komplexeren Ansprüchen genügen. Bei einer Kombination aus hohen mechanischen, tribologischen, thermischen und korrosiven Beanspruchungen bieten ingenieurkeramische Werkstoffe ein hohes Potenzial. Ihr Einsatz in der Praxis ist noch nicht diesem Potenzial entsprechend entwickelt und wird durch die erforderliche Berücksichtigung der spezifischen Werkstoffeigenschaften in der Produktentwicklung erschwert.

Der von der Deutschen Forschungsgemeinschaft (DFG) geförderte Sonderforschungsbereich SFB 483: „Hochbeanspruchte Gleit- und Friktionssysteme auf Basis ingenieurkeramischer Werkstoffe", zielt seit dem Jahr 2000 durch kombinierte Erforschung von Werkstoffeigenschaften und keramikgerechten Gestaltungsprinzipien darauf ab, diese Anwendungspotenziale nutzbar zu machen und Keramik als Konstruktionswerkstoff zu verbreiten. Gerade bei tribologischer Belastung zeichnen sich ingenieurkeramische Werkstoffe durch eine hohe Temperaturbeständigkeit, einen hohen Verschleißwiderstand unter vielen Beanspruchungsbedingungen und geringe Korrosionsanfälligkeit aus [1, 2].

Im SFB 483 werden unter anderem tribologische Untersuchungen in Modell- und Demonstratorsystemen im Hinblick auf die Anwendung in einer Benzin-Hochdruckeinspritzpumpe [3–7], einem CVT-Variator [8, 9], einer nass laufenden Lamellen- [10–12] und einer Trockenkupplung [13, 14] durchgeführt. Dabei sind die verwendeten Werkstoffe mit unterschiedlichen, teils konträren, Anforderungsprofilen konfrontiert. Ein Beispiel hierfür sind niedrige Reibung und Verschleiß bei hohen Pressungen, geringen Relativgeschwindigkeiten und niedrig viskosen Medien für die Anwendung in einer Benzin-Einspritzpumpe oder hohe Reibung und gute Kühlung bei mittleren Pressungen, hohen Gleitgeschwindigkeiten und hoch viskosen Kühl-Schmiermedien zur Anwendung in einer nasslaufenden Lamellenkupplung. Zur Erfüllung unterschiedlicher Anforderungen können Reibungseigenschaften mittels Wirkflächen-Mikrotexturierungen effektiv beeinflusst werden [15–19]. Aufgrund ihres in der Regel hohen Verschleißwiderstands können ingenieurkeramische Werkstoffe eine langzeitige Wirksamkeit von Texturmustern gewährleisten. In diesem Zusammenhang wurden weltweit zahlreiche Arbeiten durchgeführt, jedoch fehlt bis dato ein vertieftes Verständnis der Wirkmechanismen.

1.1 Tribologische Begriffe

Im Jahre 1966 wurde die **Tribologie** als Oberbegriff für Reibungs- und Verschleißphänomene begründet. Sie beschreibt die Wissenschaft und Technik von aufeinander einwirkenden, in Relativbewegung befindlichen Oberflächen und der damit in Verbindung stehenden Vorgänge [20]. Ein tribologisches System (kurz: Tribosystem) besteht im Allgemeinen aus vier Komponenten, die auf komplexe Weise miteinander wechselwirken: Grundkörper, Gegenkörper, Zwischenstoff und Umgebungsmedium. Infolge der Komplexität der in tribologischen Systemen wirkenden Prozesse und der zahlreichen beeinflussenden Parameter müssen Reibungs- und Verschleißprüfungen eine Vielzahl von Einflussgrößen berücksichtigen. Abb. 1.1 zeigt eine Übersicht der hauptsächlichen Parametergruppen und Messgrößen der tribologischen Prüftechnik [21] für das Modellsystem Stift/Scheibe.

Reibung ist der Verlust an mechanischer Energie beim Ablauf oder Beginnen bzw. Beenden einer Relativbewegung sich berührender Stoffbereiche [22]. Im Allgemeinen werden **Reibungsarten** nach der Art der Bewegungskinematik in Roll-, Gleit- und Bohrreibung rubriziert. Bei der Vielfältigkeit tribologischer Anwendungen treten auch beliebige

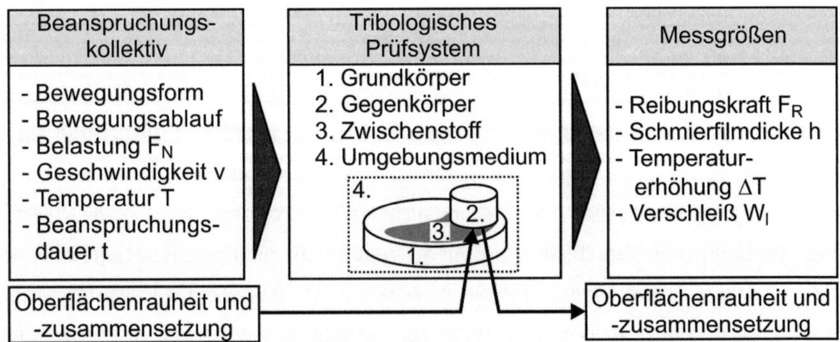

Abb. 1.1: Schematische Darstellung eines tribologischen Prüfsystems mit den Größen des Beanspruchungskollektivs und der Messgrößen.

Mischformen auf, wie beispielsweise die Wälzreibung als Mischung von Gleiten und Rollen. **Verschleiß** ist der fortschreitende Materialverlust aus der Oberfläche eines festen Körpers, hervorgerufen durch mechanische Ursachen. Eine weitergehende Klassifizierung unterscheidet verschiedene Verschleißarten analog zu den Reibungsarten und Verschleißmechanismen nach Art der physikalischen und chemischen Wechselwirkungen der Kontaktpartner. Die Hauptverschleißmechanismen sind die Abrasion (Mikrofurchen, Mikrospanen, Mikrobrechen und Mikroermüden), die Adhäsion (Mikroverschweißen), die Oberflächenermüdung (Oberflächenzerrüttung) und die tribochemische Reaktion (Reaktionsschichtenbildung).

1.1.1 Reibungszustände

Als wichtige **Reibungszustände** werden die Festkörper-, Flüssigkeits- und Mischreibung unterschieden. Reine **Festkörperreibung** tritt auf, wenn der Reibkontakt direkt am Festkörper stattfindet, d.h. keinerlei Reaktions- oder Schmierstoffschichten vorhanden sind [23]. Die frühen Forschungen im Gebiet der Reibung gehen auf Leonardo da Vinci (1508), Guillaume Amonton (1699), Leonhard Euler (1750) und Charles Augustin Coulomb (1778-85) zurück. Sie stellten unter anderem fest, dass die Reibungskraft F_R proportional zur Normalkraft F_N ist. Daraus ergab sich die Definition der Reibungszahl μ

$$\mu = \frac{F_R}{F_N} \tag{1.1}$$

Weiter wurde festgestellt, dass die Reibungskraft unabhängig von der scheinbaren Berührfläche A_0 und von der Gleitgeschwindigkeit v und die statische Reibungskraft größer als die kinetische ist. Diese Gesetze werden heute häufig als nicht oder nur eingeschränkt richtig angesehen. Manchmal wird die geschwindigkeitsunabhängige Festkörperreibung als Coulombsche Reibung μ_{coul} bezeichnet. Die Reibungskraft ist proportional zur realen Kontaktfläche A_r, die durch den Kontakt von Rauheitshügeln im Mikrobereich gebildet wird. Mit steigender Normalkraft steigt die Zahl von Mikrokontakten. Somit ist A_r proportional zur Normalkraft (Gl. 1.2), wobei der Exponent m von elastischer oder elastisch-plastischer Verformung der Rauheitshügel abhängt [24–31]

$$A_r \propto F_N^m \tag{1.2}$$

Mit dem Plastizitätsindex ψ nach Greenwood und Williamsen [32, 33] kann abgeschätzt werden, ob die Rauheitshügel zur Aufnahme der Belastung elastisch oder plastisch verformt werden

$$\psi = \frac{\tilde{E}}{H} \cdot \sqrt{\frac{R_q}{r}} \tag{1.3}$$

$$\frac{1}{\tilde{E}} = \frac{1}{2} \left(\frac{1 - \nu_1^2}{E_1} + \frac{1 - \nu_2^2}{E_2} \right) \tag{1.4}$$

Dabei symbolisiert $\tilde{E}$ den aus den E-Moduln und Poissonzahlen E_1, ν_1 und E_2, ν_2 der beiden Körper berechneten reduzierten E-Modul, H die Härte, R_q die Standardabweichung der Höhe und r den mittleren Radius der Rauheitshügel. Bei ψ-Werten unter 0,6 liegt elastische und bei Werten über 1 liegt plastische Deformation der Mikrokontakte vor. Bei einem „Kugel auf Platte"-Kontakt wird der Radius a_{el} der realen, elastisch verformten Kontaktfläche nach dem Hertzschen Modell berechnet

$$a_{el} = 1,1 \cdot \left(\frac{F_N \cdot r}{\tilde{E}} \right)^{1/3} \tag{1.5}$$

Zudem kann bei sehr rauen bzw. sehr glatten Oberflächen von erheblichen plastischen bzw. ausschließlich elastischen Anteilen ausgegangen werden [32, 34]. Die durch plastische Verformung gebildete reale Kontaktfläche wird mit der Härte H des weicheren Kontaktpartners und der Normalkraft F_N abgeschätzt [35]

$$A_r = \frac{F_N}{H} \tag{1.6}$$

Mit der Annahme, dass die gesamte Last F_N von einem kreisförmigen Mikrokontakt der Fläche A_r getragen wird, kann der Radius a_{pl} dieser Fläche folgendermaßen berechnet werden

$$a_{pl} = \sqrt{\frac{F_N}{\pi \cdot H}} \tag{1.7}$$

Durch Erhöhung der Last werden primär neue Kontakte gebildet, deren Anzahl N mit der Härte H des weicheren Körpers und dem mittleren Durchmesser des Mikrokontakts D

$$N = \frac{4 \cdot F_N}{\pi \cdot D^2 \cdot H} \tag{1.8}$$

abgeschätzt werden kann. Die Größe der Reibungskraft hängt von der Höhe der Energie dissipierenden Prozesse auf den Mikrokontakten ab: elastische Hysterese, plastische Verformung, Furchung durch Mikrokontakte und Abscheren von Adhäsionsbrücken [36].

Diese Mechanismen können in Abhängigkeit von der Beanspruchung, insbesondere der Gleitgeschwindigkeit, eine erhebliche Erhöhung der Kontakttemperatur verursachen. Anhand der Peclet-Zahl Pe

$$Pe = \frac{\rho \cdot c_p \cdot a \cdot v}{2\lambda_{th}} \tag{1.9}$$

mit der Dichte ρ, der thermischen Leitfähigkeit λ_{th}, der spezifischen Wärmekapazität c_p, dem Kontaktradius a und der Gleitgeschwindigkeit v werden ein Bereich ($Pe \ll 1$) niedriger und ein Bereich mit hoher Gleitgeschwindigkeit ($Pe \gg 1$) unterschieden. In diesen Bereichen ergeben sich unterschiedliche Abschätzungen für die sogenannte Blitztemperatur T_f, welche die mittlere Temperatur auf einem Mikrokontakt darstellt [37, 38]. Die Indizes 1 und 2 stehen für die jeweiligen Kennwerte von Grund- und Gegenkörper sowie μ für die Reibungszahl

$$\begin{aligned} Pe \ll 1: \qquad & T_f = \frac{\mu \cdot v}{4\,(\lambda_{th1} + \lambda_{th2})} \cdot \sqrt{\frac{\pi \cdot F_N \cdot H}{N}} \\[2mm] Pe \gg 1: \qquad & T_f = \frac{9\pi\mu}{32\lambda_{th1}} \cdot \left(\frac{\lambda_{th1}^2 \cdot H^3 \cdot F_N}{\pi \cdot \rho_1^2 \cdot c_{p1}^2 \cdot N}\right)^{1/4} \cdot v^{1/2} \end{aligned} \tag{1.10}$$

Bei **Grenzreibung** wird die Belastung über Festkörperkontakt von Rauheitshügeln aufgenommen, wobei die Wechselwirkung der Kontaktpartner teilweise durch adsorbierte Stoffe bestimmt wird.

Durch den Einsatz von Schmiermitteln können Reibung und Verschleiß drastisch reduziert werden. Bildet sich im Schmierspalt zwischen zwei aufeinander gleitenden Körpern ein entsprechender Druck und ein geschlossener Schmierfilm aus, so spricht man von **Flüssigkeitsreibung**. Dabei sind die beiden Wirkflächen komplett von einander getrennt und das Schmiermedium überträgt die Scher- und Normalspannungen.

Mischreibung tritt auf, wenn ein Schmierfilm zwischen zwei Reibpartnern vorhanden und dieser örtlich von Rauheitsspitzen durchbrochen wird. Je nach Art des Schmierfilms treten Anteile von Festkörper- und Flüssigkeitsreibung auf. Zur Beschreibung dieser Reibungszustände wurde die **spezifische Schmierfilmdicke** Λ eingeführt

$$\Lambda = \frac{h}{\sqrt{R_{q1}^2 + R_{q2}^2}} \tag{1.11}$$

Diese bezieht die Schmierfilmdicke h auf einen Mittelwert der quadratischen Mittenrauwerte R_{q1} und R_{q2} der beiden in Kontakt stehenden Wirkflächen. Abbildung 1.2

verdeutlicht die vorliegenden Reibungszustände in Abhängigkeit von der charakteristischen Schmierfilmdicke. Bei sehr kleinen Λ-Werten liegt Grenzreibung vor. Die Rauheitstäler sind dabei nicht vollständig mit Schmiermittel gefüllt, so dass der Schmierfilm quasi keine Tragfähigkeit hat. Ab einem Wert von 1 sind die Täler komplett mit Schmiermittel

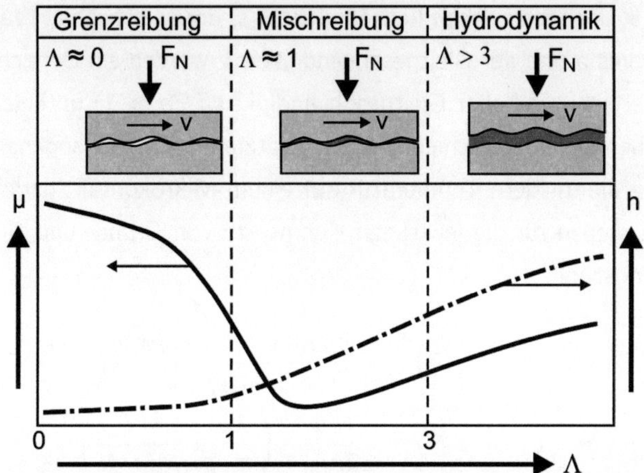

Abb. 1.2: Reibungszahl und Schmierfilmdicke über den Schmierfilmparameter Λ zur Symbolisierung der Reibungszustände [23].

gefüllt und können einen Teil der Normalkraft aufnehmen, während der restliche Anteil von Festkörperkontakten getragen wird. In diesem Zustand liegt Mischreibung vor. Mit steigenden Werten der spezifischen Schmierfilmdicke verringert sich die Anzahl von Festkörperkontakten und ab Werten von 3 wird von reiner Flüssigkeitsreibung gesprochen. Dabei liegt die Reibungszahl bei sehr niedrigen mit steigendem Λ ansteigenden Werten. Mit dem Produkt aus der dynamischen Viskosität η und der Gleitgeschwindigkeit v geteilt durch die Flächenpressung p_A als Abszisse wird die Auftragung in Abb. 1.2 auch als Stribeck-Kurve bezeichnet. Stribeck entwickelte diese Kurve anhand von experimentellen Untersuchungen mit Geschwindigkeits- und Lastvariationen.

1.1.2 Schmierstoffe

Schmierstoffe dienen zur Reibungs- und Verschleißminderung in tribologischen Systemen. Sie werden in unterschiedlichen Aggregatzuständen als Schmieröle, Schmierfette oder Festschmierstoffe eingesetzt, so dass unter den vorliegenden Belastungsbedingungen eine Trennung der Kontaktpartner gewährleistet werden kann. Schmieröle werden in der Regel bei niedrigen bis mittleren Pressungen und höheren Gleitgeschwindigkeiten eingesetzt. Sie können ihrer Herkunft nach unterteilt werden in [21]:

- Mineralöle
- Tierische und pflanzliche Öle
- Synthetische Öle

Mineralöle, die aus Erdöl und teilweise aus Kohle gewonnen werden, besitzen die größte Bedeutung. Sie bestehen aus Paraffinen, Naphtenen und Aromaten. Tierische und pflanzliche Öle wie Rizinusöl, Fischöl, Ölivenöl u. a. werden für spezielle Anwendungen, z. B. in der Feinwerktechnik, verwendet. Synthetische Öle werden unter anderem für die Schmierung bei hohen Temperaturen und zur Reibungsminderung in Verbrennungsmotoren eingesetzt. Als Beispiele sind hier Polyetheröle, Carbonsäureester, Esteröle, Phosphorsäureester, Silikonöle und Halogenkohlenwasserstoffe zu nennen [21]. Schmieröle übernehmen die Scherung und übertragen damit die Reibungskräfte. Wichtige Eigenschaften sind die Viskosität, die Öldichte und deren Temperaturabhängigkeiten. Die kinematische Viskosität ν ist definiert als der Quotient aus der dynamischen Viskosität η und der Dichte ρ

$$\nu = \frac{\eta}{\rho} \tag{1.12}$$

Die durch das Schmiermedium aufgenommene Scherspannung τ berechnet sich aus der dynamischen Viskosität η, der Gleitgeschwindigkeit v und der Schmierfilmdicke h wie in Abb. 1.3a veranschaulicht wird.

$$\tau = \eta \cdot \frac{v}{h} \tag{1.13}$$

Zur Bestimmung der Temperaturabhängigkeit können unterschiedliche Näherungsformeln verwendet werden. Häufig wird die Formel nach Ubbelohde-Walter mit den Konstanten c_u und K_u, der Geradensteigung m_u (s. Abb. 1.3b) und der absoluten Temperatur T in Kelvin benutzt [36]

$$\log\log\left(\nu + c_u\right) = K_u - m_u \cdot \log T \tag{1.14}$$

Zudem wurde nach der Norm DIN ISO 2909 der Viskositätsindex VI eingeführt, der den Abfall der Viskosität mit der Temperatur mit Werten von 0 für einen starken Abfall und 100 für einen niedrigen Viskositätsabfall beschreibt. Weil einige der heutigen Öle besser sind als die Referenz aus dem Jahr 1977, aus dem die Norm stammt, wurde in einer überarbeiteten Version dieser Norm (2004) ein Verfahren zur Ermittlung von VI-Werten zwischen 100 und 200 eingeführt. In der Norm DIN ISO 51519 werden die Industrieschmieröle in 18 Viskositätsgruppen (ISO VG 2 - 1500) eingeteilt. Die Viskositätsgruppen

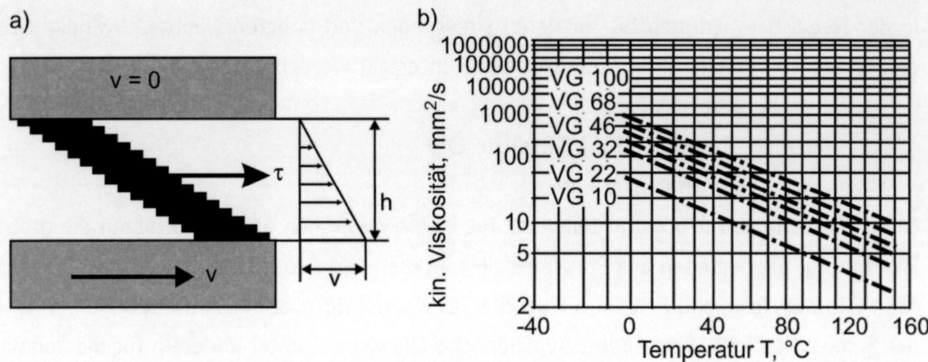

Abb. 1.3: (a) Schematische Darstellung der von einem Geschwindigkeitsgradienten erzeugten und vom Schmiermedium aufgenommenen Scherspannung τ und (b) Temperaturabhängigkeit der Viskosität von Ölen ausgewählter Viskositätsgruppen (VG) in der Auftragung nach Ubbelohde-Walter (Temperaturskala $\propto \log T\,[K]$, Viskositätsskala $\propto \log\left(\log\left(\nu + 0{,}8\right)\right)$).

beschreiben dabei die mittlere kinematische Viskosität des Schmieröls bei 40 °C, von der das jeweilige Öl $\pm$ 10 % abweichen kann. Ein Schmieröl ISO VG 100 weist beispielsweise bei 40 °C kinematische Viskositäten zwischen 90 und 110 mm²/s auf (s. Abb. 1.3b). Die Forschungsvereinigung Antriebstechnik (FVA) hat zu Forschungszwecken vier Referenzöle in den Viskositätsklassen (ISO VG 15, 32, 100 und 460) definiert, weil industrielle Öle in der Regel stetig verbessert werden und dadurch über Jahre hinweg keine gleichbleibende Qualität gewährleisten. Diese Mineralöle werden mit FVA-Öl Nr. 1, 2, 3 und 4 bezeichnet [39].

Damit Schmieröle über einen längeren Zeitraum unter hohen, komplexen Beanspruchungen ihre Funktion erfüllen können, werden häufig sogenannte Additive zugesetzt. Diese sind vor allem im Bereich der Grenzreibung von großer Bedeutung und verhindern beispielsweise adhäsive Haftverbindungen bei lokal sehr hohen Pressungen durch die Bildung von Reaktionsschichten auf den Wirkflächen.

1.2 Hydrodynamik

Unter hydrodynamischer Schmierung wird durch eine Relativbewegung durch einen sich in Bewegungsrichtung verengenden Spalt im Schmiermedium ein Druck erzeugt. Dieser Druck verursacht eine Tragfähigkeit, die bei richtiger kinematischer und konstruktiver Auslegung die beiden Wirkflächen vollkommen voneinander trennt. Die Theorie zur Beschreibung dieses Verhaltens entwickelte Osborne Reynolds 1886 [40]. Die dreidimensionale Reynolds-Gleichung [41] beschreibt die Druckverteilung p in einem Schmierspalt mit der Schmierfilmdicke h

$$\frac{\partial}{\partial x}\left(\frac{h^3}{\eta}\frac{\partial p}{\partial x}\right) + \frac{\partial}{\partial y}\left(\frac{h^3}{\eta}\frac{\partial p}{\partial y}\right) = 6\left(U\frac{\partial h}{\partial x} + V\frac{\partial h}{\partial y}\right) + 12\left(w_2 - w_1\right) \tag{1.15}$$

U, V sind die Summengeschwindigkeiten der Wirkflächen in x- bzw. y-Richtung und w_1 bzw. w_2 die Geschwindigkeiten in z-Richtung (s. Abb. 1.4a). Gl. 1.15 vernachlässigt Volumen- und Trägheitskräfte, setzt beim Schmiermittel Newtonsches Verhalten sowie laminare Strömung im Spalt und ideal glatte Wirkflächen voraus.
Werden Strömungen in y- und z-Richtung von der Betrachtung ausgeschlossen, ergibt sich im Keilspalt mit der Schmierfilmdicke $\tilde{h}$, beim Maximaldruck, die eindimensionale Reynoldsgleichung [41]

$$\frac{\partial p}{\partial x} = 6U\eta\frac{h - \tilde{h}}{h^3} \tag{1.16}$$

Diese kann auf den in Abb. 1.4b dargestellten Keilspalt angewendet werden. Dazu wird die Schmierfilmdicke mit dem Keilparameter $K = (h_1 - h_0)/h_0$ parametrisiert

$$h = h_0 \cdot \left(1 + \frac{K}{L} \cdot x\right) \tag{1.17}$$

L symbolisiert die Länge des Schmierspalts. Durch Einsetzen von Gl. 1.17 in Gl. 1.16 und Integration erhält man die in Abb. 1.4b dargestellte Druckverteilung im Schmierspalt. Anschaulich kann der Druckverlauf durch die Geschwindigkeitsverteilung erklärt werden (Abb. 1.4b). Durch die Bewegung der unteren Wirkfläche wird das Schmiermittel in den Keilspalt gezogen. Durch die Spaltverjüngung baut sich aus Kontinuitätsgründen ein Druck auf, der das Strömungsprofil auf der Eintrittseite nach innen und am gegenüberliegenden Ende nach außen wölbt. Die Tragfähigkeit W kann durch Integration des Drucks über die Keilfläche ermittelt werden (Gl. 1.18),und durch Integration der

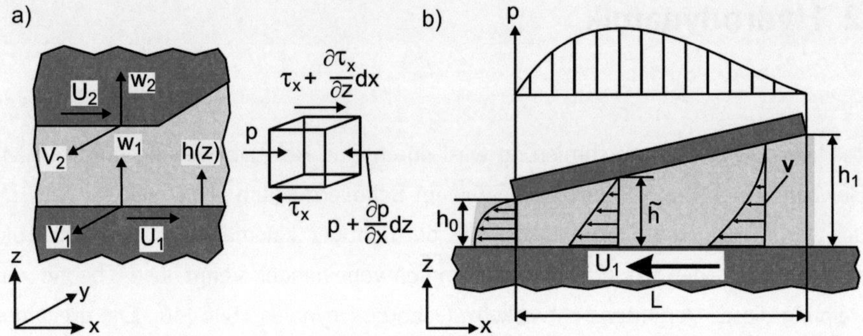

Abb. 1.4: Schematische Darstellung (a) eines Schmierspalts mit den Größen aus der 3D-Reynoldgleichung (Gl. 1.15) und (b) eines eindimensionalen, Schmierspalts der Länge L, der Spalthöhe h_1 und h_0 am Ein- und Austritt, sowie der Druck- und Geschwindigkeitsverteilung unter hydrodynamischen Schmierungsbedingungen.

viskosen Scherspannungen resultiert die Reibungskraft F_R (Gl. 1.19). Die Reibungszahl μ berechnet sich aus dem Quotient der beiden (Gl. 1.20).

$$\frac{W}{B} = \frac{6U_1\eta L^2}{h_0^2}\left(\frac{\ln(K+1)}{K^2} - \frac{2}{K(K+2)}\right) \tag{1.18}$$

$$\frac{F_R}{B} = \frac{U_1\eta L}{h_0}\left(\frac{4\ln(K+1)}{K} - \frac{6}{K+2}\right) \tag{1.19}$$

$$\mu = \frac{F_R}{W} = C^* \cdot \frac{h_0}{L} \tag{1.20}$$

$$C^* = K \cdot \frac{3K - 2(K+2)\ln(K+1)}{6K - 3(K+2)\ln(K+1)} \tag{1.21}$$

L und B symbolisieren die Länge und die Breite des Schmierspalts und C^* den vom Keilparameter K abhängigen Geometriefaktor. Aus theoretischen Betrachtungen ergeben sich bei einem Wert von $K = 1{,}2$ ein Maximum der Tragfähigkeit und bei $K = 1{,}55$ ein Minimum der Reibung [41].

1.2.1 Mikrohydrodynamik

Die Mikrohydrodynamik beschäftigt sich mit dem Einfluss der Oberflächenrauheit auf hydrodynamische Schmierung, speziell mit dem Übergang von Flüssigkeitsreibung in die Mischreibung (s. Abb. 1.2). Bei Gleit- oder Wälzlagern und auch bei anderen das Mischreibungsgebiet tangierenden Friktions- oder Gleitpaarungen bestimmt die fertigungsbedingte Oberflächenfeingestalt der interagierenden Wirkflächen maßgeblich den Übergang in die

Mischreibung [42]. Im Mischreibungskontakt nehmen die Beanspruchungen der Oberflächen und des Schmierfilms aufgrund von Festkörperkontakten bzw. der Energiedissipation durch Scher- und Verdrängungsströmungen in den Zwischenräumen der Rauheiten zu. Zur Vorhersage des Übergangs in die Mischreibung in Abhängigkeit von der Oberflächenfeingestalt wird ein Verständnis der speziellen Prozesse im Kontakt benötigt. Eine Berechnung des realen Rauheitsmodells ist jedoch selbst mit leistungsfähigen Computern aufwendig. Daher wurden zahlreiche mathematische Modelle auf Basis statistischer Betrachtungen mit Mittelungsverfahren entwickelt, um Oberflächenrauheiten berücksichtigen zu können.

Ein erster Ansatzpunkt war die Einbindung von longitudinalen, transversalen und isotropen Oberflächenrauheiten in die, eigentlich nur für glatte Oberflächen geltende, Reynoldsgleichung mittels geschlossener Greenfunktionen [43, 44]. Die Peklenikzahl γ wurde zur Beschreibung der Orientierung der Rauheiten eingeführt (Abb. 1.5). Für longitudinal

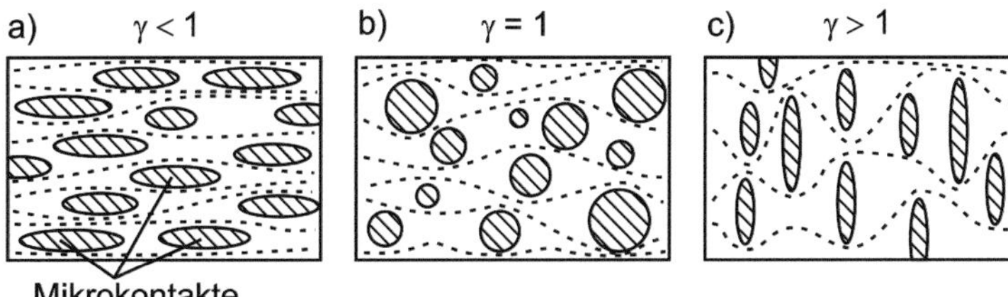

Abb. 1.5: Schematische Darstellung von (a) longitudinal (b) isotrop und (c) transversal orientierten Rauheiten mit der Peklenikzahl γ nach [45, 46].

orientierte Rauheiten (Abb. 1.5a) wurde damit eine Minderung und bei transversal orientierten (Abb. 1.5c) eine Erhöhung der hydrodynamischen Tragfähigkeit nachgewiesen, während sich diese Wirkungen bei isotropen Elementen (Abb. 1.5b) gegenseitig aufheben. Patir und Cheng [45, 46] führten Druckflussfaktoren $\Phi_{x,y}$ in x- und y- Richtung und einen Scherflussfaktor Φ_s ein, die zur Berücksichtigung beliebiger Oberflächenrauheiten als Koeffizienten in die Reynoldsgleichung eingingen. Ausgangspunkt war eine additive Zusammensetzung der Schmierfilmdicke h aus der Schmierfilmdicke $\hat{h}$ bei glatten Oberflächen mit den Rauheitsschwankungen δ_1 und δ_2 der Oberflächen (Abb. 1.6). Daraus entstand die mit Flussfaktoren modifizierte Reynoldsgleichung

$$\frac{\partial}{\partial x}\left(\Phi_x\frac{\hat{h}^3}{12\eta}\frac{\partial\hat{p}}{\partial x}\right) + \frac{\partial}{\partial y}\left(\Phi_y\frac{\hat{h}^3}{12\eta}\frac{\partial\hat{p}}{\partial y}\right) = \left(\frac{U_1+U_2}{2}\right)\frac{\partial h}{\partial x} + \left(\frac{U_1-U_2}{2}\right)\bar{R}_q\frac{\partial\Phi_s}{\partial x} + \frac{\partial h}{\partial t}$$

$$(1.22)$$

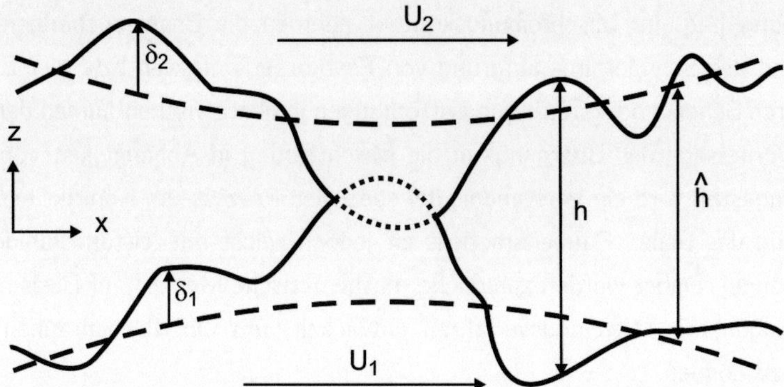

Abb. 1.6: Schematische Darstellung des Modells von Patir und Cheng zur Einbindung von rauen Oberflächen in die Reynoldsgleichung: Geschwindigkeiten $U_{1,2}$, Schmierfilmdicke h, statistische Rauheitsschwankungen $\delta_{1,2}$ und die mittlere Schmierfilmdicke der glatten Oberflächen $\hat{h}$.

mit der Schmierfilmdicke h, dem Druck $\hat{p}$ bei glatten Oberflächen, der kinematischen Viskosität ν, den Standardabweichungen der mittleren Rauheiten $\bar{R}_q = \sqrt{R_{q1}^2 + R_{q2}^2}$, den Gleitgeschwindigkeiten $U_{1,2}$ und der Zeit t (Abb. 1.6).

Die Druckflussfaktoren symbolisieren einen rauheitsbedingten Strömungswiderstand gegen den makroskopischen Druckgradienten und der Scherflussfaktor beschreibt einen zusätzlichen, durch Rauheitskontakte verursachten, Mikrodruckgradienten getriebenen Flussanteil. Sie werden für kleine Kontrollvolumina mit repräsentativen Rauheitsverteilungen in separaten numerischen Simulationen bestimmt. Abb. 1.7 zeigt Ergebnisse aus der Arbeit von Patir und Cheng [45, 46]. Beim Druckflussfaktor zeigte sich eine Steigerung der Tragfähigkeit mit steigender Peklenikzahl (Abb. 1.7a). Weil bei glatten Oberflächen $\Phi_s = 0$ gilt, zeigte der Scherflussfaktor im Vergleich zur glatten Oberfläche generell größere und darüber hinaus mit sinkender Peklenikzahl ansteigende Werte (Abb. 1.7b). Die Flussfaktoren zeigten bei Λ-Werten unter 6 einen großen Effekt. Für größere Werte konvergierte der Druckflussfaktor stark gegen Eins bzw. der Scherflussfaktor gegen den Wert der glatten Oberfläche, nämlich Null. Die abfallenden Φ_s-Werte bei $\Lambda < 1$ resultierten aus der steigenden Zahl der Mikrokontakte, die rechnerische Schwierigkeiten bereiteten. Zur Abhilfe wurden Kontaktverformungsmodelle mit eingebunden [47, 48]. Neben der Erweiterung der Modelle stand in weiteren Forschungsarbeiten die zuverlässige Berechnung der Flussfaktoren, insbesondere die Bestimmung ihrer Abhängigkeit von speziellen Rauheitsparametern, im Mittelpunkt [49, 50]. Problematisch war die eindeutige Trennung der berechneten Flussfaktoren von den Auswirkungen der Randbedingungen [51]. In

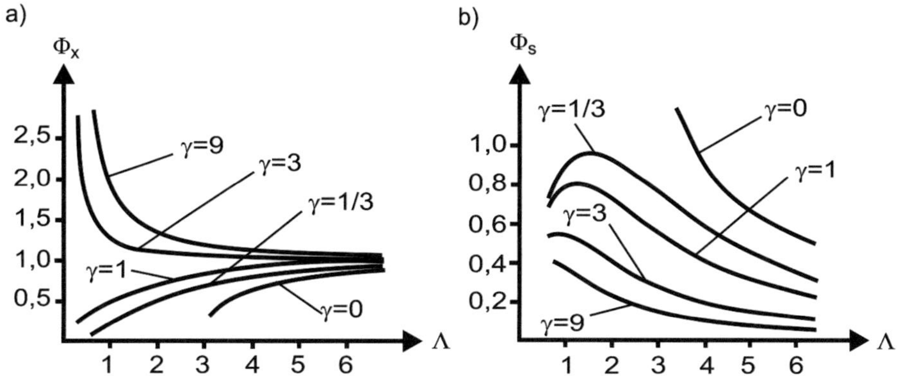

Abb. 1.7: Schematische Darstellung (a) des Druckflussfaktors und (b) des Scherflussfaktors über der spezifischen Schmierfilmdicke Λ nach [45, 46].

neueren Arbeiten verbreitete sich der Einsatz von Flusstensoren [49] und die zusätzliche Einbindung von Festkörperkontakt- und Kavitationsmodellen [42, 51–54], die gerade bei der betrachteten Thematik der realitätstreuen Wiedergabe des Übergangs zur Misch- und Grenzreibung großen Einfluss zeigten. Eine neue Berechnung der Flussfaktoren basiert auf einer Homogenisierungstechnik, die das mathematische Problem auf zwei Systeme - dem makroskopischen, die Außengeometrie berücksichtigenden und dem die Rauheiten beschreibenden, mikroskopischen Problem - entkoppelt [50, 55–61]. Dabei können die Flusstensoren eindeutig aus 2D- oder 3D-Oberflächenrauheiten berechnet werden. Bei einem zweidimensionalen Beispiel wie in Abb. 1.6 können bei einseitig glatter Fläche die Flussfaktoren Φ_x und Φ_s mit Integralen berechnet werden [60].

$$\Phi_x = \left[\int_0^1 \left(1 - \frac{1}{\hat{h}} (\delta_2 - \delta_{2max}) \right)^{-3} d\xi \right]^{-1}$$

$$\Phi_s = \int_0^1 \left(1 - \frac{1}{\hat{h}} (\delta_2 - \delta_{2max}) \right)^{-2} d\xi \left[\int_0^1 \left(1 - \frac{1}{\hat{h}} (\delta_2 - \delta_{2max}) \right)^{-3} d\xi \right]^{-1} \tag{1.23}$$

Dabei ist $\xi = x/l_c$ die auf die charakteristische Rauheitslänge l_c normierte Ortskoordinate, δ_2 analog zu Abb. 1.6 die Rauheitsschwankung an der Stelle ξ, δ_{2max} die maximale Rauheitsauslenkung und $\hat{h}$ die Schmierfilmdicke glatter Oberflächen. In der Regel müssen zur Bestimmung der Flussfaktoren Differentialgleichungssysteme numerisch gelöst werden oder es kommen Teillösungen in Form von Greenfunktionen zum Einsatz [49, 54].

1.3 Wirkflächen-Mikrotexturierung

Die Mikrohydrodynamik untersucht, wie Strömungsvorgänge auf einer mikroskopischen Skala im Mischreibungsgebiet effektiv die Tragfähigkeit einer Paarung steigern können. So werden Wirkflächen-Mikrotexturierungen seit einiger Zeit gezielt zur Verbesserung der Reibungseigenschaften untersucht [12, 15, 18, 62–72], können darüber hinaus auch anderen Zwecken dienen, wie zur Beeinflussung der Benetzung [73, 74] oder zur Verbesserung des Wärmeübergangs [75–82]. Zur Erzeugung deterministischer Texturierungen im Labormaßstab werden u. a. mechanische [83, 84], ätztechnische [85] und Laser gestützte [6, 16, 86–94] Verfahren verwendet.

In [95] wurde an metallischen Paarungen eine Steigerung der Tragfähigkeit bei Orien-

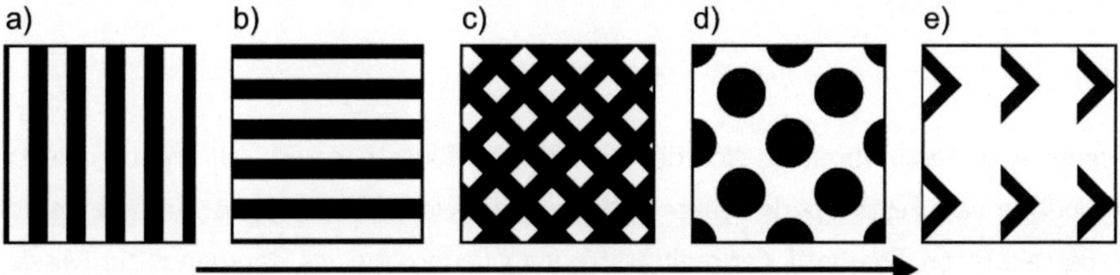

Abb. 1.8: Schematische Darstellung einiger Texturmuster: Parallele Kanäle (a) quer und (b) parallel zur Gleitrichtung, (c) gekreuzte Kanäle unter 45 °, (d) runde Näpfchen sowie (e) ein Fischgrätenmuster (Pfeil zeigt in Gleitrichtung).

tierung der Gleitrichtung senkrecht zu Schleifriefen hervorgerufen, während bei paralleler Ausrichtung die Tragfähigkeit vermindert wurde. Zu diesem Ergebnis kamen auch [96, 97] mit Schleifriefen und Kanalstrukturen (Abb. 1.8a, b). Darüber hinaus stellte Höhn [97] bei transversal orientierten Schleifriefen von der Rauheit unabhängige Schmierfilmdicken und Pettersson [96] nur geringe Unterschiede zwischen unterschiedlichen Texturmustern fest. Eine Texturierung mit gekreuzten Kanälen unter 45 ° zur Gleitrichtung (Abb. 1.8c) zeigte im reversierenden Gleitkontakt bei sehr niedrigen Gleitgeschwindigkeiten von 0,006 m/s und hohen Pressungen von 100 MPa unter Ölschmierung eine Reduzierung der Reibungszahl im Vergleich zu geschliffenen oder polierten Wirkflächen durch Entfernen von Verschleißpartikeln aus dem Kontakt [98]. Eine ähnliche Texturierung mit gekreuzten Kanälen zeigte in Wasser an Stahl/Keramik-Paarungen bei einer mittleren Gleitgeschwindigkeit von 0,2 m/s und Pressungen von 71 bzw. 7 MPa [5, 16] eine Reduktion der Reibungszahl ebenfalls durch das Einfangen von Verschleißpartikeln. Die Reduktion der Reibungszahl fiel an einer Stahl/Stahl-Paarung noch um 15 % größer aus ([16], Tab. 1.1). Bei

Referenz	Paarung	Kontakt	Medium	v, m/s	p, MPa	μ_{tex}/μ_{untex}
[95]	Stahl/Stahl	P	Polyalfaolefin	0,1	1300	0,92
[96]	Stahl/TiN	P	Polyalfaolefin	0,03	337	0,71
[97]	Stahl/Stahl	L	ISO VG100 Öl	8	1000	-
[16]	Stahl/Stahl	L	Wasser	0,1	71	0,63
[16]	Stahl/Al$_2$O$_3$	L	Wasser	0,1	71	0,75
[98]	Gusseisen/Stahl	F	Shell Öl Tellus 22	0,006	100	0,95
[5]	Stahl/ZrO$_2$	F	Isooktan	0,2	7	0,64
[99]	Bronze/Gusseisen	F	ISO VG68 Öl	1	6	≈2,7
[100]	-	F	Saybolt Öl 125/135	0,32	1,6	≈2,5
[101]	Stahl/Nickel	F	ISO VG100 Öl	3,5	0,1	≈1,5
[12]	Stahl/Al$_2$O$_3$	F	ISO VG100 Öl	10	2,1	≈1,9

Tab. 1.1: Übersicht der Paarungen und Belastungen ausgewählter Publikationen mit kanalartigen Texturierungen der Typen von Abb. 1.8a-c (P = Punktkontakt, L = Linienkontakt, F = Flächenkontakt).

Gleitgeschwindigkeiten größer 0,3 m/s und Pressungen unter 6 MPa (s. Tab.1.1) zeigten gekreuzte Kanaltexturen eine deutliche Reibungszahlerhöhung zu untexturierten Paarungen [12, 99–101]. Tab. 1.1 zeigt eine Übersicht der Paarungen und Belastungsparameter der zuvor genannten Publikationen mit kanalartigen Mikrotexturen. Im Bereich der Grenzreibung bei hohen Pressungen und niedrigen Gleitgeschwindigkeiten bzw. niedrig viskosen Medien reduzieren Mikrotexturen durch Einfangen von losen Verschleißpartikeln oder als Schmiermittelreservoir [102] die Reibung.

Bei keramischen Selbstpaarungen sind, je niedrig viskoser das Schmiermedium ist, für geringe Reibungszahlen möglichst glatte Oberflächen und ein feines Gefüge notwendig [103–105]. Zur Erhöhung der Tragfähigkeit im Mischreibungsbereich spielen Texturierungen mit runden Näpfchen, wie in Abb. 1.8d [17, 63, 64, 71, 72, 106–108] in Anwendungen wie beispielsweise Gleitlagern [62, 109, 110], Kolbenringdichtungen [15, 111] oder auch Zylinderlaufflächen [112] eine große Rolle. Dabei wurden unter anderem optimale Näpfchenformen, -flächenanteile oder -anordnungen für die spezifischen Anwendungen untersucht. Mit dem Einfluss unterschiedlicher Formen befassten sich beispielsweise [84, 113, 114]. An einer Aluminium/Stahl-Paarung im ölgeschmierten, reversierenden Linienkontakt bei 21 MPa verursachte ein Fischgrätenmuster (Abb. 1.8e) im Vergleich zu Näpfchenmustern und zur polierten Wirkfläche deutlich dickere Schmierfilme [114]. Jedoch wurde die Schmierfilmdicke reduziert, wenn die Muster größer als die Kontaktbreite waren. Außerdem wurde bei runden Näpfchen ein optimales Tiefe-zu-Breite-Verhältnis mit Werten von 0,07 gemessen [114]. Rechnerisch kamen Ronen und Etsion [113] auf ein optimales Tiefe-zu-Breite-Verhältnis von 0,10 bis 0,18 bei Flächenanteilen zwischen 5 und 20 %. Generell vergrößert eine Wirkflächentexturierung die nominelle Flächenpressung. Bei Texturierung mit runden Näpfchen wirkt diese Erhöhung der Flächenpressung der Steigerung der Tragfähigkeit entgegen, wodurch sich ein optimaler Wert für den Flächenanteil ergibt [63, 64, 115, 116]. Mit einer Stahlpaarung führten bei Kovalchenko et al. [17] niedrige Flächenanteile von 7 % runder Näpfchen unter Ölschmierung zu einer Ausweitung des Bereichs der Flüssigkeitsreibung zu niedrigeren Gleitgeschwindigkeiten im Vergleich zur polierten Paarung. Flächenanteile von 15 % verschoben den Übergang in die Mischreibung zu höheren Gleitgeschwindigkeiten. Costa und Hutchings [114] ermittelten an metallischen Reibpartnern unter Ölschmierung einen Wert von 11 % als optimalen Flächenanteil für geringe Reibung.

Mit Wasserschmierung stellten Wang und Kato [63, 64] bei SiC-Selbstpaarung für geringe Reibung einen optimalen Flächenanteil von 3 % bei etwa 400 µm großen und 10 µm tiefen Näpfchen fest. Die Kombination von jeweils 5 µm tiefen, kreisförmigen 350 µm und quadratischen 40 µm breiten Näpfchen zeigte gegenüber den monodispersen Mustern eine weitere Steigerung der Tragfähigkeit einer SiC-Selbstpaarung [117].

Analytische Lösungen der von Mikrotexturen hervorgerufenen Tragfähigkeitssteigerung sowie computergestützte Berechnungen derselben anhand von Strömungssimulationen wurden in [60, 111, 115, 118–123] behandelt. Kligerman und Etsion bzw. Brizmer und Kligerman [111, 115] berechneten die Auslegung von partiellen Näpfchentexturen für Kolbenringe. Sie erhielten ein Reibungsminimum für Flächenanteile von 60 % und bei vollständiger Texturierung ein optimales Aspektverhältnis von 0,1 für minimale Reibung. Brajdic-Mitidieri et al. [69] berechneten mittels computergestützter Fluiddynamik unter Berücksichtigung von Kavitation das Verhalten des Schmiermediums in ebenen Gleitlagern mit einer Schmiertasche. Sie untersuchten speziell die Abhängigkeit vom Keilparameter K. Bei großen K-Werten trat keine Kavitation auf und die Reibungsverminderung resultierte allein aus Verringerung der Scherspannungen in den Schmiertaschen im Hochdruckbereich des Lagers. Bei niedrigen Werten des Keilparameters war eine weitere Reibungsminderung durch zusätzliche Steigerung der Tragfähigkeit möglich. Die Tragfähigkeitssteigerung führten Hamilton und Walowit [106] auf ein unsymmetrisches Druckprofil über dem Texturelement zurück. Die Gebiete mit niedrigem Druck wurden durch Kavitation abgeschnitten und konnten somit die Gebiete mit höherem Druck nicht mehr vollständig kompensieren, wodurch die erwähnte Tragfähigkeitssteigerung resultierte. Fowell et al. [122] wiesen theoretisch einen weiteren Effekt der Kavitationsgebiete eines mit einer Schmiertasche bestückten Gleitlagers nach, den sie „Inlet Suction" nannten. Dabei wird durch den Unterdruck an der angeströmten Stufe der Schmiertasche Öl in die Tasche gesaugt. Dieser zusätzliche Fluss erhöht den Spitzendruck im Ausströmungsbereich der Schmiertasche und somit auch die Tragfähigkeit. Das Ansaugen wird durch kurze Abstände der Schmiertasche zum angeströmten Kontaktflächenrand und flache Taschen begünstigt. Das Ausströmen wird durch einen großen Abstand zum Ende der Kontaktfläche erschwert. Die Tragfähigkeit lässt sich somit durch kleine Abstände zum angeströmten Rand und große Abstände zum Ende der Kontaktfläche sowie durch flache Taschen steigern. Nanbu et al. [123] untersuchten bei Näpfchentexturen theoretisch den Einfluss unterschiedlicher Bodengeometrien, die sie aus Stufen und Mikrokeilen zusammensetzten. In ihrer Arbeit bestätigten sie den „Inlet Suction" Mechanismus von Fowell und steigerten den Ansaugmechanismus durch einen divergenten Mikrokeil anstelle einer Stufe. Die größten Filmdicken erzielten sie mit einem W-Profil, also einer Kombination aus 2 Mikrokeilen und 2 Stufen.

Durch Simulation der Druckverteilung über einzelne Näpfchen sowie Erhebungen mit Dreieck-, Sechseck- und Kreisform erhielten Siripuram und Stephens [119] eine geringe Abhängigkeit der Reibungszahl von der Form, jedoch eine stärkere Abhängigkeit von der Größe des Texturelements. Zudem ergaben Vertiefungen in der Regel niedrigere Reibungszahlen als Erhebungen. Arghir et al. und Sahlin [60, 118] kamen durch Verwendung der Trägheitsterme beinhaltenden Navier-Stokes-Gleichung zu dem Schluss, dass Vertiefungen einen zusätzlichen Druck aufgrund der Trägheitskräfte erzeugen. Bei Verwendung der Reynolds-Gleichung bleiben Trägheitskräfte unberücksichtigt.

Kanalartige Strukturen finden häufig Anwendung im Bereich von Mikrowärmetauschern wegen der Verbesserung der Wärmeabfuhr [77, 82, 124–127]. Dabei ist die Anwesenheit einer mehrphasigen Strömung, wie beispielsweise Flüssigkeit-Gas-Gemischen, von großer Signifikanz [78, 79, 128–131]. Die rheologischen Eigenschaften des Fluids in Wechselwirkung mit den geometrischen Abmessungen der Kanäle und der Geschwindigkeitsverteilung verursachen dabei Druckverluste infolge von Reibung [132–136]. Zur Bestimmung der Druckverluste wurde der Druckverlustbeiwert eingeführt, der für laminare Strömungen konstant ist. Dieser zeigt bei turbulenter Strömung ein kompliziertes Verhalten, weswegen das kontrovers diskutierte Thema des Übergangs von laminarer zu turbulenter Strömung von großem Interesse ist [137–144]. Zudem herrscht bei turbulenter Strömung eine stärkere Durchmischung des Fluids vor, was einen besseren Wärmeaustausch beispielsweise mit Rohrwänden ermöglicht. Mit abnehmenden Abmessungen der durchströmten Geometrien nimmt die Bedeutung der Wandrauheiten zu. Bei Mikrokanälen auftretende Anomalien, wie die Verringerung der kritischen Reynoldszahl beim Übergang zu turbulenter Strömung, konnten als Skalierungseffekte identifiziert werden [145–147].

1.4 Zielsetzung und Inhalt

Die vorliegende Arbeit wurde im Rahmen des SFB 483 im Teilprojekt C1 angefertigt. Das Ziel bestand darin, im Hinblick auf den Einsatz in einer nasslaufenden Lamellenkupplung ein vertieftes Verständnis für die Wirkmechanismen von, speziell kanalartigen, Mikrotexturierungen zu erhalten. Kern war die Klärung des Einflusses unterschiedlicher Texturparameter wie die charakteristische Breite w und Tiefe d sowie des texturierten Flächenanteils a_{tex} auf das Reibungsverhalten und die Wärmeabfuhr bei unterschiedlichen Materialpaarungen (Abb. 1.9). Im Weiteren sollte die Abhängigkeit von den wichtigsten Belastungsgrößen, wie Normalkraft und Gleitgeschwindigkeit, sowie vom Schmiermedium und dessen Volumenstrom untersucht werden.

Dazu wurden tribologische Untersuchungen an zwei Prüfständen in einer Pellet/Scheibe-Konfiguration unter einsinniger, ölgeschmierter Gleitbeanspruchung durchgeführt. Ausgestattet mit Vorrichtungen zur hochaufgelösten Messung der Reibungskraft und Schmierfilmdicke und einer in situ-Beobachtungseinheit diente das im Rahmen des SFB 483 entwickelte „In situ-Tribometer" zur Aufklärung der Zusammenhänge zwischen geometrischen Parametern der mikrotexturierten Kontaktfläche und den Messgrößen in Abhängigkeit von den aufgebrachten Belastungsparametern (Normalkraft, Gleitgeschwindigkeit). Zur Gewährleistung der Hochauflösung wurden diese Experimente bei geringen Lasten und Gleitgeschwindigkeiten durchgeführt. Die Realisierung von Belastungen im Bereich des Zielsystems der nasslaufenden Lamellenkupplung sind im Labortribometer „UMT3" erfolgt, um die Übertragbarkeit der Erkenntnisse aus den Versuchen im „In situ-Tribometer"

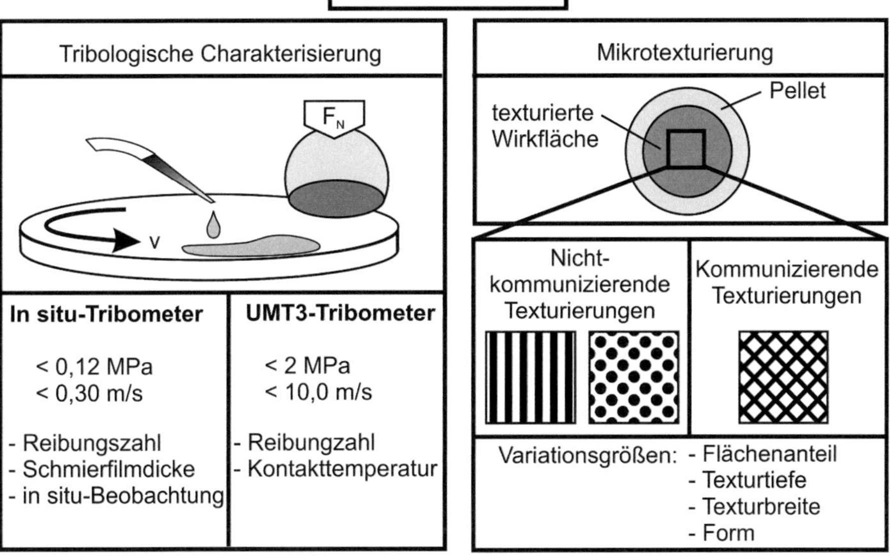

Abb. 1.9: Schematische Darstellung der Zielsetzung und Vorgehensweise dieser Arbeit zur Generierung eines besseren Verständnisses zu den Wirkmechanismen von Mikrotexturierungen.

auf höhere Gleitgeschwindigkeiten zu prüfen. Im Weiteren wurde das tribologische und thermische Verhalten unterschiedlicher ingenieurkeramischer Werkstoffe in Selbstpaarung oder mit vergütetem 100Cr6 Stahl bei hohen Gleitgeschwindigkeiten charakterisiert.

Zur gezielten Beeinflussung des tribologischen Verhaltens wurden die Pelletwirkflächen mit Hilfe eines Laser gestützten Prozesses mikrotexturiert. Als nicht-kommunizierende Texturmuster wurden runde Näpfchen und parallele Kanäle und als Muster mit kommunizierenden Elementen gekreuzte Kanäle verwendet. Unterschiedliche Geometrien wurden durch Variation des texturierten Flächenanteils a_{tex}, der charakteristischen Breite w oder der Texturtiefe d des Texturelements erzielt. Die Zielsetzung und Vorgehensweise zeigt Abb. 1.9.

2 Versuchsmaterialien und experimentelle Methoden

2.1 Versuchsmaterialien und Probenpräparation

Als Probenmaterialien wurden eine kommerzielle, einkristalline Oxidkeramik Al_2O_3 (Saphir, Fa. GWI Sapphire) und eine Nichtoxidkeramik SSiC (EKasic F, Fa. ESK) jeweils in Form von Scheiben der Dicke 5 mm und dem Durchmesser 50 mm und als Kugeln mit dem Durchmesser 10 mm verwendet. Als metallischer Partner kam der Stahl 100Cr6 (1.3505) als 5 mm dicke Scheiben mit dem Durchmesser 50 mm und zur Umsetzung größerer Spurradien mit 70 mm Durchmesser sowie als Kugeln (100Cr6, Fa. KGM) mit den Durchmessern 8 und 10 mm zum Einsatz.

Das Vergüten der Stahlscheiben erfolgte durch 20-minütiges Austenitisieren an Luft bei 860 °C, Ölbad-Abschreckung auf Raumtemperatur und niedrigem Anlassen bei 190 °C für 2 Stunden. So wurden Härten von 790 $\pm$ 10HV30 erreicht. Die Stahlkugeln wiesen diese Härten im Anlieferungszustand auf. Einige Eigenschaftskennwerte der Materialien werden in Tabelle 2.1 und REM-Aufnahmen des geätzten Stahl- und SSiC-Gefüges in Abb. 2.1 gezeigt. Der Stahl wies ein martensitisches Gefüge mit kugelförmigen Karbiden mit Durchmessern kleiner 1 μm auf. Das Gefüge der SSiC-Keramik war sehr fein und porenfrei mit einer mittleren Korngröße von 2 μm.

Die Saphirscheiben wurden im polierten Zustand mit R_a-Werten von 0,004 μm und Planparallelitäten von $\pm$ 1 μm bezogen. Alle anderen Probenscheiben wurden mit einer Topfschleifmaschine (TYP MPS 2R 300 Fa. G & N) einem beidseitigen Planschleifprozess unterzogen, um die notwendigen Planparallelitäten für geringe Höhenschläge von $\pm$ 1 μm in den tribologischen Versuchen gewährleisten und die gewünschten Rauheiten von $R_a \approx$ 0,050 μm für die anschließende Polierbearbeitung erzielen zu können. Die Probenscheiben aus SSiC wurden zunächst mit einer Diamantscheibe der Körnung D91 für 10 min, dann mit einer Diamantscheibe der Körnung D46 für 45 min geschliffen. Die

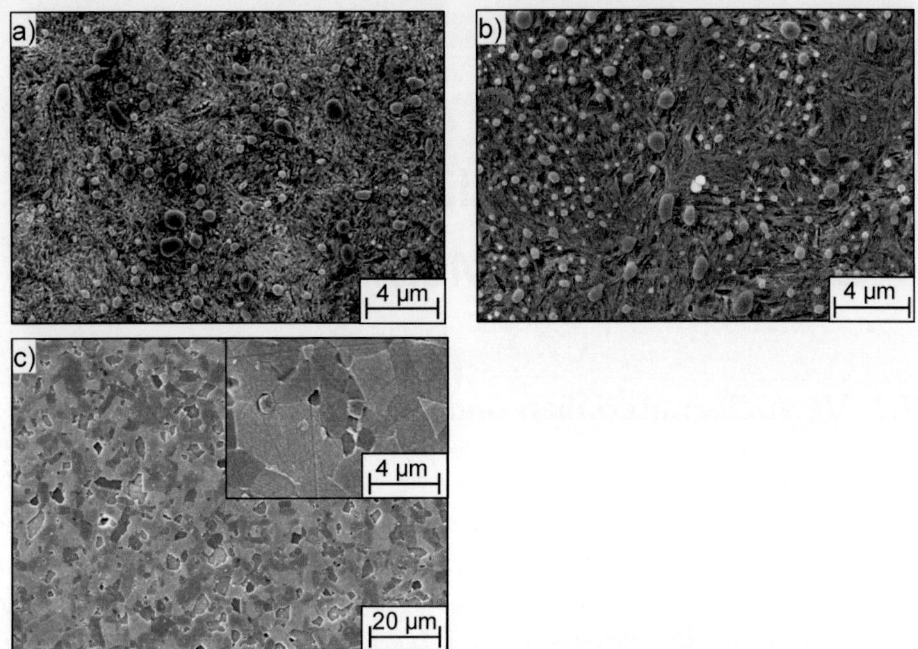

Abb. 2.1: Rasterelektronenmikroskopische Gefügeaufnahmen eines vergüteten 100Cr6 (a) Pellets und (b) Scheibe sowie (c) der SSiC-Keramik EKasic F.

Stahlscheiben, bei denen das Schleifen zusätzlich zum Entfernen der durch das Austenitisieren an Luft hervorgerufenen Zunderschicht und der entkohlten Randzone diente, wurden in einem ersten Schritt mit einer Korundschleifscheibe der Körnung 200 für 10 min und im folgenden Arbeitsschritt mit einer Siliziumkarbid-Scheibe mit 320-er Körnung 20 min geschliffen.

Aus den 10 mm Keramik- und Stahlkugeln wurden, durch einseitiges Abplatten mit der Schleifmaschine (TYP MPS 2R 300 Fa. G & N) und den genannten Arbeitsschritten bei den Keramiken (10 min D91, 45 min D46) bzw. Stahl (10 min EK200, 20 min SiC320), Pellets mit einer ebenen, kreisrunden Kontaktfläche mit dem Durchmesser 7,2 ± 0,1 mm hergestellt (Abb. 2.2b). Die 8 mm großen Stahlkugeln wurden bereits auf obiges Maß abgeplattet und fein geschliffen bezogen. Eine Übersicht der Probengeometrien zeigt Abb. 2.2. Die Feinbearbeitung der SSiC-Scheiben erfolgte, zu dritt auf eine massive Trägerscheibe geklebt, per Zentralandruck mit einer Poliermaschine (Power Pro 4000, Fa. BUEHLER) in den ersten beiden Schritten für je 3 min unter Wasserzufuhr mit 600-er und 1200-er Schleiftüchern und in den abschließenden beiden Schritten mit 3 µm

Werkstoff	100Cr6 vergütet	Al_2O_3	SSiC
Bezeichnung		Saphir	EKasic F
Hersteller	KGM	GWI sapphire	ESK Ceramic
Dichte ρ, $10^3 \cdot$kg/m^3	7,84	3,98	3,12
E-Modul, GPa	212	350	410
Poissonzahl, -	0,30	0,21	0,17
Vickershärte HV30	$790 \pm 10^{(*)}$		
Vickershärte HV0,5			2800
Knoophärte HK		2200	
Wärmeleitfähigkeit $\lambda_{th}(100°C)$, W/(m·K)	33	40	125
Wärmekapazität $c_p(20°C)$, J/(kg·K)	470	418	600
Porosität, %	–	–	<3
Korngröße, µm	$50^{(*)}$	–	$1{,}95^{(*)}$
Reinheit, %	–	99,999	>99

Tab. 2.1: Ausgewählte Eigenschaftskennwerte der verwendeten Probenwerkstoffe nach Herstellerangaben, $^{(*)}$ Messung am Institut für Werkstoffkunde II.

DiaDoublo Diamantsuspension für je 5 min auf einem perforierten (Aka-Allegran 3) und schließlich auf einem baumwollfasernen Poliertuch (PD-Seda).

Die Stahlscheiben wurden, einzeln auf Stempel geklebt, unter Einzelandruck an einer Poliermaschine (Phoenix 4000, Fa. Jean Wirtz) für 3 min mit 6 µm Diamantsuspension auf einem perforierten (ATM ALPHA) und im finalen Schritt für 1 min mit 1 µm Diamantsuspension auf einem Baumwolltuch (ATM GAMMA) poliert.

Die Keramikpellets wurden zum Polieren in einem Epoxidharz-Hardfiller-Gemisch (Massenverhältnis 10 : 1) eingebettet und nach dem selben Rezept wie die SSiC-Scheiben (je 3 min unter Wasserzufuhr mit 600-er und 1200-er Papier, je 5 min mit DiaDoublo AKA-Allegran 3, dann PD-Seda) fein bearbeitet, während die Stahlpellets uneingebettet bei sehr geringer Geschwindigkeit, durch Bewegung des Pellets per Hand, mit der gleichen Rezeptur wie die Stahlscheiben (3 min mit 6 µm Diamantsuspension auf ATM ALPHA, dann 1 min mit 1 µm Diamantsuspension auf ATM GAMMA) poliert wurden. Dabei erfolgte der finale Polierschritt bei Vorliegen einer Wirkflächentexturierung mit 1 µm Diamantsuspension auf einem perforierten Tuch (ATM ALPHA) anstelle des Baumwolltuchs (ATM GAMMA) bei untexturierter Wirkfläche.

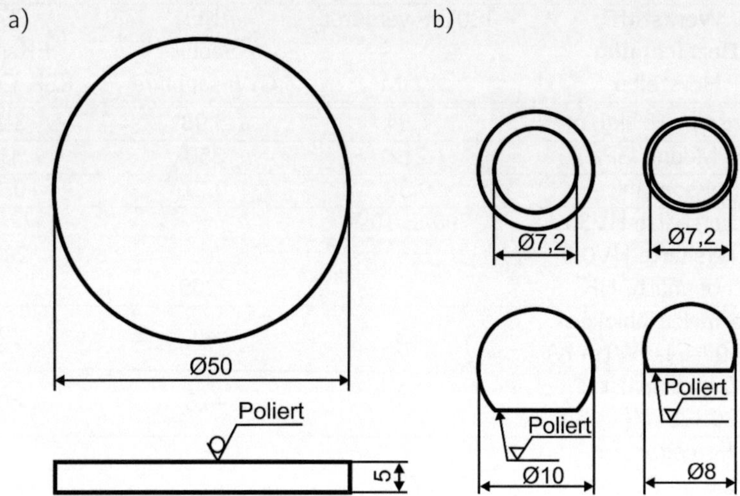

Abb. 2.2: Schematische Darstellung (a) der verwendeten Scheibengeometrie und (b) der Pelletgeometrien mit der angeschliffenen Kontaktfläche.

2.2 Lasertexturierung

Es kam ein Lasersystem (Piranha II Multi, Fa. Acsys) mit einer Nd:YVO$_4$-YAG-Strahlenquelle der Wellenlänge $\lambda = 1062$ nm zum Einsatz, das eine Maximalleistung P_{max} von 20 W, eine maximale Pulsrate von 80 kHz und eine maximale Bearbeitungsgeschwindigkeit von 6000 mm/s aufwies. Letztere wurde mit einer Scanneroptik durch Drehung entsprechender Spiegel in x-y-Richtung erreicht.

Zur Lasertexturierung wurde mit einer Optik mit einer Brennweite von 100 mm ein Strahldurchmesser von etwa 40 µm erreicht. Die Laserparameter wurden auf die verwendeten Materialien abgestimmt, um möglichst scharfe Kanten zu erhalten und gleichzeitig die

Werkstoff	100Cr6 vergütet	Saphir	EKasic F
Frequenz f, kHz	80	20	60
relative Leistung P_{rel}, %	19	70	22
Bearbeitungsgeschwindigkeit v_B, mm/s	800	250	400
Spurbreite s_B, µm	5	10	5

Tab. 2.2: Laserparameter zur Wirkflächentexturierung der 100Cr6-, Saphir- und EKasic F-Pellets.

Menge an Debris so gering wie möglich zu halten. Tabelle 2.2 zeigt eine Übersicht der verwendeten Laserparameter. Die Texturierungsmuster wurden am Steuerungscomputer des Lasers gezeichnet. Dabei wurden die abzutragenden Bereiche mit einem Füllmuster aus parallelen Linien belegt. Der Abstand dieser Linien zueinander wurde mit der Spurbreite s_B definiert (Tab. 2.2). Die Tiefe der Muster wurde hauptsächlich durch Mehrfachüberlaserung eingestellt.

Bei den Stahlpellets wurde die Mikrotexturierung in die angeschliffene Wirkfläche bei R_a-Werten von 0,05 µm eingebracht. Im Anschluss daran fand die Feinbearbeitung (3 min mit 6 µm Diamantsuspension, 1 min mit 1 µm Diamantsuspension jeweils auf perforiertem Poliertuch (ATM ALPHA) statt, wie in Kap. 2.1 beschrieben wurde. Bei keramischen Pellets wurde die polierte Wirkfläche texturiert, und im Anschluss daran 5 min

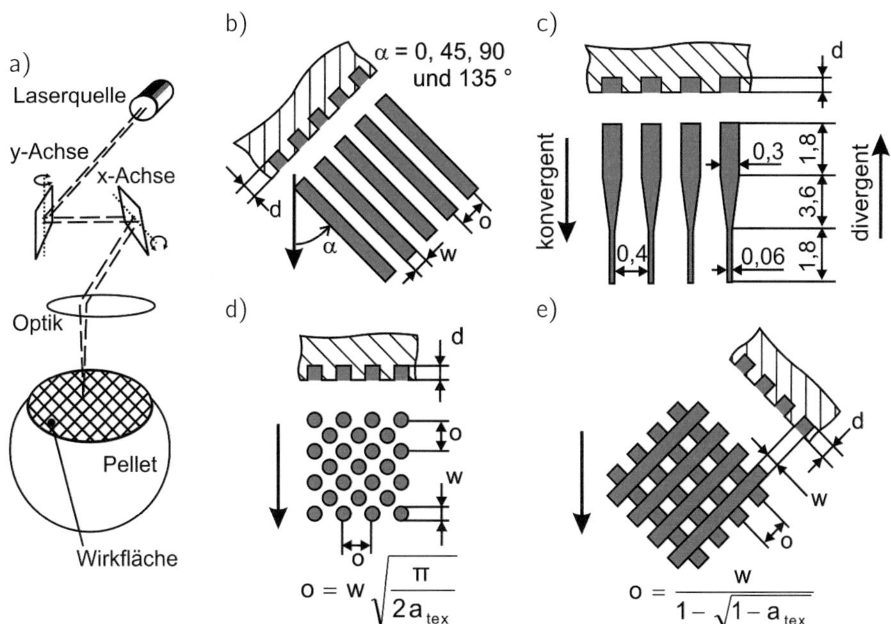

Abb. 2.3: (a) Schematische Darstellung des Laser gestützten Texturierungsprozesses und der untersuchten Texturierungsmuster: (b) parallele Kanäle (PK-α) mit Orientierungswinkel α zur Gleitrichtung, (c) konvergente bzw. divergente Kanäle (PK-kon/div) je nach Gleitrichtung, (d) runde Näpfchen (RN) und (e) gekreuzte Kanäle (GK), wobei d die Texturtiefe, w die Kanalbreite oder den Näpfchendurchmesser und o den mittleren Abstand zweier Texturelemente bezeichnen (Kurzschreibweise: GK-a_{tex}-w-d; Pfeil zeigt in Beanspruchungsrichtung).

mit DiaDoublo-Suspension auf einem Poliertuch PD-Seda Debris entfernt. Die Saphir-Wirkflächen wurden zur besseren Strahleinkopplung mit einem wasserlöslichen Farbstift geschwärzt. Der Laserprozess ist schematisch in Abb. 2.3a dargestellt.

In der Gruppe nicht-kommunizierender Texturmuster wurden runden Näpfchen (Abb. 2.3d), parallele Kanäle (Abb. 2.3b) und konvergente bzw. divergente Kanäle (Abb. 2.3c) untersucht. Als Texturmuster mit kommunizierenden Elementen wurden gekreuzte Kanäle (Abb. 2.3e) gewählt. Mit der Kurzschreibweise GK5010010 wurde eine Texturierung mit 50 % gekreuzten Kanälen der Breite $w = 100$ µm und der Tiefe $d = 10$ µm bezeichnet.

2.3 Oberflächencharakterisierung

Zur Messung der Rauheiten der Oberflächen stand ein Tastschnittgerät (TYP T4000, Fa. Hommelwerke GmbH) zur Verfügung (Tab. 2.3a). Damit wurden Rauheitstiefenprofile

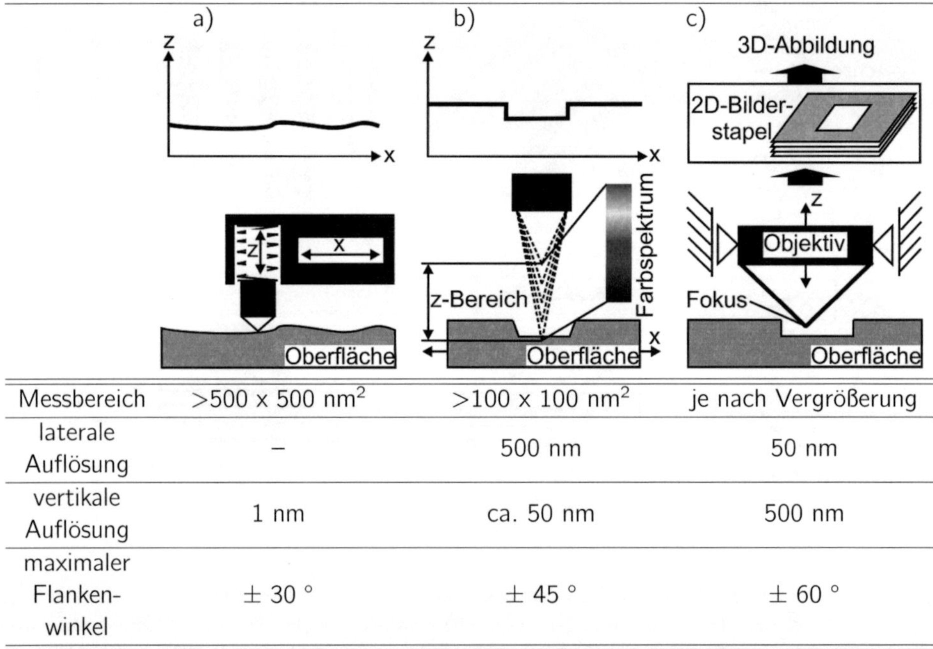

	a)	b)	c)
Messbereich	>500 x 500 nm²	>100 x 100 nm²	je nach Vergrößerung
laterale Auflösung	–	500 nm	50 nm
vertikale Auflösung	1 nm	ca. 50 nm	500 nm
maximaler Flankenwinkel	± 30 °	± 45 °	± 60 °

Tab. 2.3: Schematische Darstellung der Funktionsweisen und Vergleich der Auflösungsgrenzen der taktilen und optischen Verfahren zur Oberflächencharakterisierung (a) Tastschnittverfahren, (b) Linienschnitt bei einem konfokalen Weißlichtmikroskop und (c) digitales 3D-Mikroskop.

durch Linienschnitte der Oberfläche mit einer Diamantpyramide gemessen, mit denen im Gerät nach den genormten Rechenvorschriften (DIN ISO 4287-88, 13565-1/2, 13562) Rauheitskennwerte berechnet wurden. Als Eingangsgröße für den Polier- und Texturierungsprozess wurden arithmetische Mittenrauwerte von $R_a = 0{,}05$ µm eingestellt. Zur Wirkflächencharakterisierung für die tribologischen Versuche ist die Aussagekraft dieses R_a-Wertes eingeschränkt, weswegen die Kenngrößen R_k, R_{pk} und R_{vk} aus der Materialanteilkurve (Abbott-Kurve, Abb. 2.4) bestimmt wurden. Die reduzierte Spitzenhöhe R_{pk}, die Kernrautiefe R_k, die reduzierte Riefentiefe R_{vk} sowie die Materialanteile M_{r1} und M_{r2} ober- und unterhalb des Kernprofils (Abb. 2.4) sind wichtige Kenngrößen bei der tribologischen Charakterisierung zweier Oberflächen. Mit der reduzierten Riefentiefe R_{vk} und dem Materialanteil unterhalb des Kernprofils M_{r2} aus der Abbott-Kurve kann über die Gleichung

$$V_0 = \frac{R_{vk}}{2} \cdot (1 - M_{r2}) \tag{2.1}$$

das auf eine Fläche bezogene Ölrückhaltevolumen V_0 durch die Riefenfläche der Abbott-Kurve (Abb. 2.4) berechnet werden . Bei texturierten Pellets konnte die taktile Profilometrie wegen Verkantungsgefahr der Diamantspitze nicht verwendet werden. Hier wurde auf ein konfokales Weißlichtinterferometer (TYP MicroProf, Fa. FRT) zurück gegriffen, bei dem ein fokussierter, weißer Lichtstrahl mit wellenlängenabhängiger Fokustiefenlage über die Oberfläche bewegt und durch Messung der von der Oberfläche reflektierten

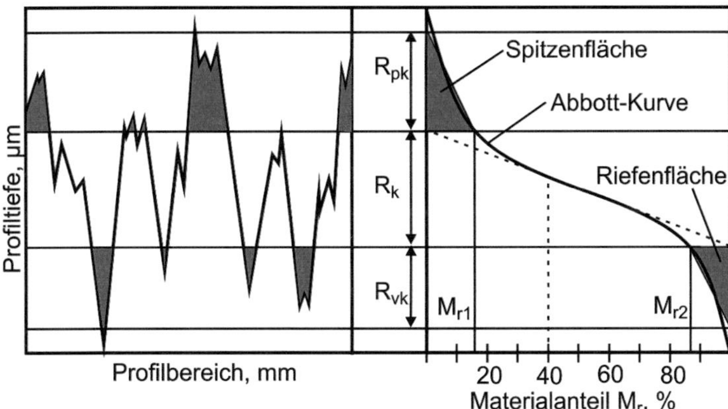

Abb. 2.4: Schematische Darstellung eines Tastschnitts mit der Materialanteilkurve und Veranschaulichung der daraus hervorgehenden Kenngrößen: R_k - Kernrautiefe, R_{pk} - reduzierte Spitzenhöhe, R_{vk} - reduziere Riefentiefe, M_{r1} - Materialanteil oberhalb des Kernprofils, M_{r2} - Materialanteil unterhalb des Kernprofils.

Wellenlänge auf die Profiltiefe geschlossen wird. Aus einem dem Tastschnittverfahren ähnlichen Tiefenprofil wurden die Rauheiten im Kanalgrund und die Welligkeit der Proben bestimmt (Tab. 2.3b). Zur Messung des Kontaktflächendurchmessers, beispielsweise während der Anbringung einer kreisrunden Wirkfläche an die Kugeln, und zur Kontrolle der Texturparameter (Breite w, Tiefe d und Flächenanteil a_{tex}) kam ein digitales Lichtmikroskop (VHX-600, Fa. Keyence) mit automatischer Fokuslagensteuerung (VHX-S15, Fa. Keyence) zur Erstellung von 3D-Aufnahmen zum Einsatz. Dabei zeichnet ein Photochip für eine definierbare Zahl von Fokuslagen 2D-Bilder auf, woraus eine Rechnereinheit eine 3D-Abbildung zusammensetzt (Tab. 2.3c). Einige Angaben zu den Auflösungsgrenzen dieser Methoden sind in Tabelle 2.3 aufgeführt. Übersichts- und Detailbilder der Texturmuster wurden mit einem Rasterelektronenmikroskop (REM) (JSM 840, Fa. Joel) bei einer Beschleunigungsspannung von 15 kV mittels Sekundärelektronen bis zu 10000-facher Vergrößerung angefertigt.

2.4 Tribologische Charakterisierung

Zur Untersuchung des Reibungsverhaltens der Paarungen wurden zwei Tribometer verwendet. In beiden erfolgte die Charakterisierung im Modellversuch Pellet/Scheibe bei einsinniger Gleitung unter Tropfschmierung.

Als Schmiermittel wurden die additivfreien Referenz-Mineralöle FVA-Öl Nr. 3 (ISO VG 100) als Standard und FVA-Öl Nr. 1 (ISO VG 15) verwendet. Werte der dynamischen und kinematischen Viskosität und deren Temperaturabhängigkeit werden in Abb. 2.5 gezeigt.

2.4.1 In situ-Tribometer

Das „In situ-Tribometer" (Abb. 2.6a) ermöglichte unter Verwendung von Saphirscheiben die Beobachtung der Kontaktfläche während des laufenden Versuchs. Standardmäßig wurde dazu ein Digitalmikroskop (VHX100, Fa. Keyence) mit einem Objektiv von 20 bis 200-facher Vergrößerung verwendet. Zur Veranschaulichung zeigt Abb. 2.6c eine in situ-Beobachtung einer polierten Stahl/Saphir-Paarung. Neben der Kontaktfläche ist im Bildausschnitt noch die Pellethalterung zu sehen. Das am rechten Bildrand angesammelte Ölvolumen zeigt zur Drehachse der Scheibe. Zudem verläuft die Gleitgeschwindigkeit

a)

dyn. Viskosität $\eta(T)$, mPas	**Mineralöl**	
	FVA-Öl Nr.3	FVA-Öl Nr.1
$\eta(20\,^\circ\mathrm{C})$	295, 10	32, 06
$\eta(40\,^\circ\mathrm{C})$	85, 20	14, 24
$\eta(60\,^\circ\mathrm{C})$	32, 96	7, 06
$\eta(80\,^\circ\mathrm{C})$	15, 74	4, 25

b)

kin. Viskosität $\nu(T)$, mm^2/s	**Mineralöl**	
	FVA-Öl Nr.3	FVA-Öl Nr.1
$\nu(20\,^\circ\mathrm{C})$	336, 4	37, 5
$\nu(40\,^\circ\mathrm{C})$	98, 5	16, 9
$\nu(60\,^\circ\mathrm{C})$	38, 6	8, 5
$\nu(80\,^\circ\mathrm{C})$	18, 7	5, 2

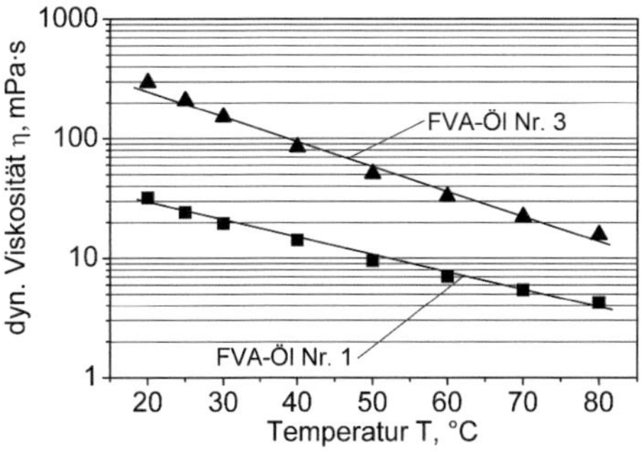

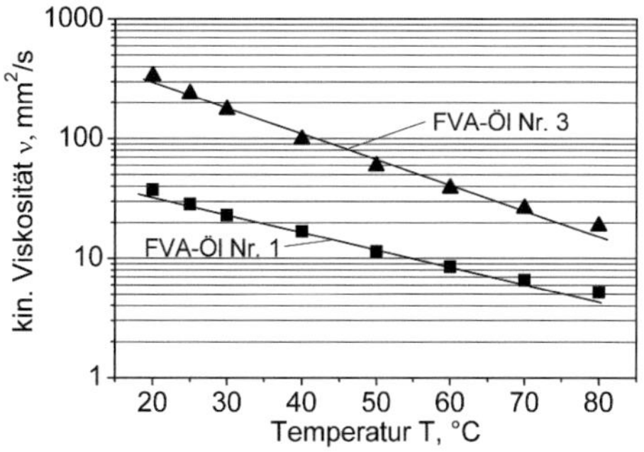

dyn. Viskosität η, mPa·s — 1000, 100, 10, 1 — FVA-Öl Nr. 3 — FVA-Öl Nr. 1 — Temperatur T, °C — 20 30 40 50 60 70 80

kin. Viskosität ν, mm²/s — 1000, 100, 10, 1 — FVA-Öl Nr. 3 — FVA-Öl Nr. 1 — Temperatur T, °C — 20 30 40 50 60 70 80

Abb. 2.5: Werte bei ausgewählten Temperaturen und Darstellung der Temperaturabhängigkeit in doppelt logarithmischer Auftragung (a) der dynamischen und (b) der kinematischen Viskosität der verwendeten Mineralöle FVA-Öl Nr. 1 und 3 [39].

in Pfeilrichtung in der Aufnahme vom oberen zum unteren Bildrand. Diese Orientierung war in allen gezeigten in situ-Aufnahmen gleich.

Im „In situ-Tribometer" wurde die Reibungskraft mit einem Tangentialkraftsensor (Typ 8431, Fa. Burster) gemessen (Kraftsensor, Abb. 2.6a). Als Maß für die Schmierfilmdicke h wurde der Abstand der Kontaktflächen genommen, der aus einem Mess- und einem Referenzsignal von zwei kapazitiven Wegsensoren berechnet wurde. Das Messsignal war durch das gegebene Hebelverhältnis um den Faktor $125/113 = 1{,}106$ größer skaliert als die Abhebung des Pellets von der Scheibe (s. Abb. 2.6a). Außerdem wurde das Messsignal durch die geschwindigkeitsabhängige Lagerhebung verfälscht. Diese wurde vom Referenzsignal unmittelbar neben dem tribologischen Kontakt separat erfasst und vom Messsignal subtrahiert. Zur Aufrechterhaltung einer elektrisch leitenden, ölfreien Fläche auf der Saphirscheibe wurde die Referenzstelle mit Graphitspray beschichtet und mit

a) „In situ-Tribometer"

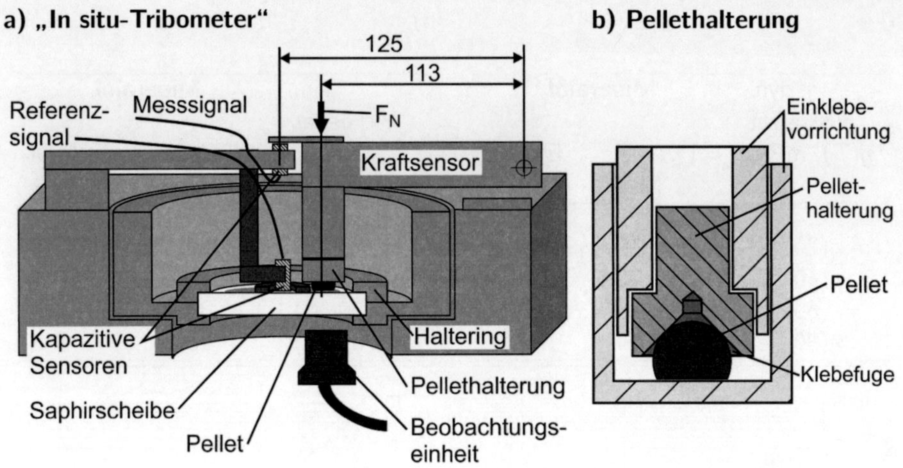

b) Pellethalterung

c) In situ-Beobachtung

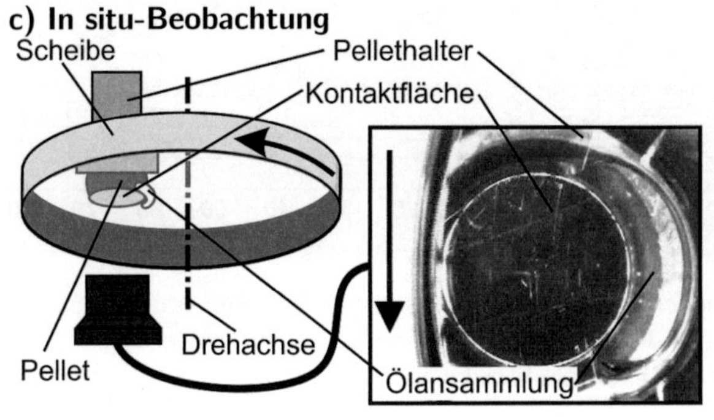

d) Modellversuch

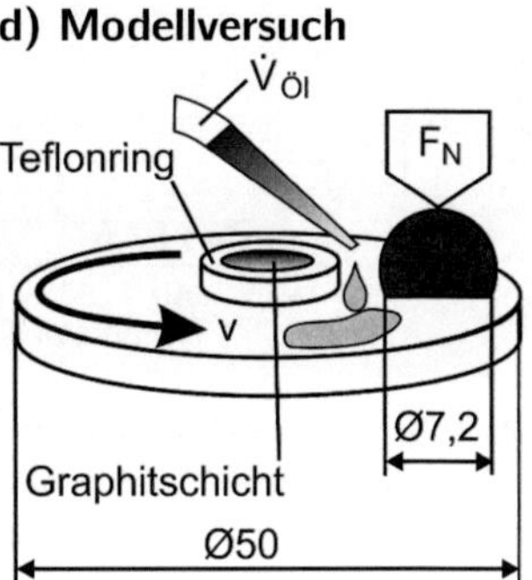

e) Versuchsparameter

Normalkraft F_N	1 – 10 N
Gleitgeschwindigkeit v	0,02 – 0,30 m/s
Spurradius R	18 mm
Standardöl (ISO VG 100)	FVA-Öl Nr. 3
dyn. Viskosität $\eta(20°C)$	295,1 mPas
Ölvolumenstrom $\dot{V}_{Öl}$	2,0 mm³/s
Umgebungstemperatur T	20 °C
Luftfeuchte	50 % r. F.

f) Versuchsführung

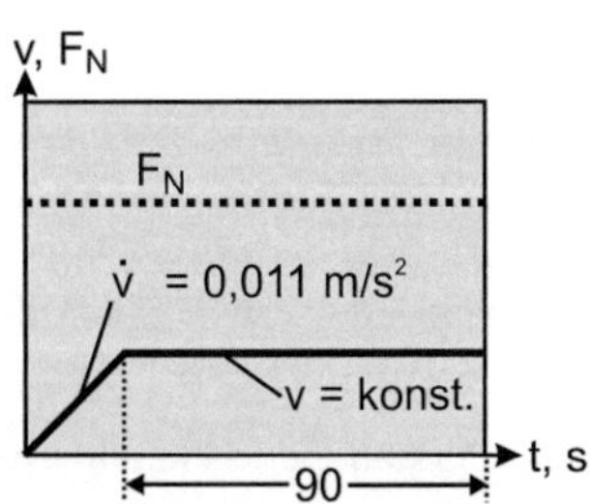

Abb. 2.6: Schematische Darstellung (a) des „In situ-Tribometers", (b) der Pellethalterung und Einklebevorrichtung, (c) der in situ-Beobachtung des Tribokontakts, (d) des Modellversuchs mit Teflonring beklebter Scheibe sowie (e) die gewählten Versuchsparameter und (f) die Versuchsdurchführung (Pfeil zeigt in Drehrichtung der Scheibe).

einem Teflonring vom umgebenden Öl abgegrenzt (Abb. 2.6d). Die Abhängigkeit des Messsignals von der Normalkraft F_N wurde linear interpoliert. Der Abstand der Kontaktflächen, der im Weiteren als Schmierfilmdicke h^* bezeichnet wird, berechnete sich aus dem Messsignal d_{mess} und Referenzsignal d_{ref} nach folgender Formel

$$h^* = h_{NP} + \left(\frac{d_{mess}}{1,106} - d_{ref} \right) + 0,22 \frac{\mu m}{N} \cdot F_N. \qquad (2.2)$$

Die Nullpunktshöhe h_{NP} wurde bei der Gleitgeschwindigkeit von 0,005 m/s und der Normalkraft von 10 N bestimmt. Ein Einfluss durch Kontakterwärmung konnte bei den gewählten Belastungen ausgeschlossen werden. Die Schmierfilmdicke wurde so mit einer Genauigkeit von etwa $\pm$ 0,5 µm gemessen.

Zur tribologischen Charakterisierung wurden die Pellets zur Sicherstellung der Orthogonalität zwischen der Kontaktfläche und dem Schaft der Pellethalterung in einer Vorrichtung mit einem warm aushärtenden Zweikomponentenkleber (Endfest 300, Fa UHU) in die Probenaufnehmer eingeklebt (Abb. 2.6b) und bei 100 °C für etwa eine Stunde ausgehärtet. Die zwischen einer Tellerfeder und einem Haltering geklemmten Saphirscheiben wurden durch sechs Stellschrauben auf Höhenschläge kleiner $\pm$ 1 µm einjustiert. Mit einer Vorrichtung zur lateralen und horizontalen Justierung wurde unter Beobachtung der, im Luftspalt zwischen Saphirscheibe und Pelletkontaktfläche entstehenden, Newtonschen Ringe ein Keilspalt mit einer Eintrittshöhe von 2,4 $\pm$ 0,6 µm zur Vermeidung von Kantenträgern eingestellt.

Die Gleitgeschwindigkeit wurde, wie in Abb. 2.6f gezeigt, unter konstanter Normalkraft mit 0,011 m/s^2 aus dem Ruhezustand auf den gewählten Wert zwischen 0,02 und 0,30 m/s beschleunigt. Diese Geschwindigkeit wurde solange konstant gehalten, bis sich im Reibungszahlverlauf ein stationärer Zustand einstellte, mindestens jedoch 90 s. Im stationären Bereich wurden aus den gemittelten Messsignalen Werte für die Reibungszahl μ und die Schmierfilmdicke h^* aus mindestens zwei charakteristischen Läufen ermittelt. Während des gesamten Zyklus wurde standardmäßig FVA-Öl Nr. 3 kontinuierlich per Tropfschmierung mit dem Volumenstrom von 2,0 mm^3/s zugeführt.

Bei Bildung einer Kapillarbrücke (Abb. 2.7) zwischen zwei benetzenden Oberflächen mit den Benetzungswinkeln θ_1 und θ_2 entsteht eine Laplacekraft F_{lap}, die eine Anziehung mit dem Betrag [148]

$$F_{lap} = \pi \cdot r_1^2 \cdot \sigma_l \cdot \frac{\cos \theta_1 + \cos \theta_2}{h} \qquad (2.3)$$

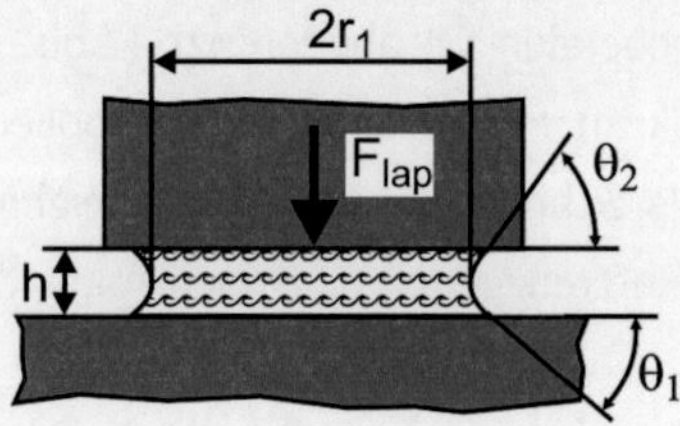

Abb. 2.7: Schematische Darstellung einer Kapillarbrücke bei benetzenden Oberflächen.

bewirkt. Dabei stellen r_1 den Radius der Kapillarbrücke, h die Filmhöhe (s. Abb. 2.7) und σ_l die Oberflächenspannung der Flüssigkeit dar. Durch Montage eines Schrittmotors und einer Kraftmessdose am „In situ-Tribometer" (Abb. 2.8) wurden im laufenden Versuch bei stationärer Reibungskraft die Kontakflächen voneinander getrennt und die dazu benötigte Trennkraft F_{tr} zeitlich aufgezeichnet. In Abb. 2.8 wird schematisch der charakteristische, zeitliche Trennkraftverlauf beim Abhebevorgang gezeigt. Der erste Bereich symbolisiert den Ausgangszustand ohne Trennkraft. Beim Abheben stieg die Trennkraft kontinuierlich bis zu einem Maximalwert kurz vor dem Trennen der Kapillarbrücke an und fiel bei vollständig, mit einem Abstand von 1 mm, getrennten Flächen abrupt auf den Wert der aufgebrachten Normalkraft ab. Die Differenz zwischen der maximalen

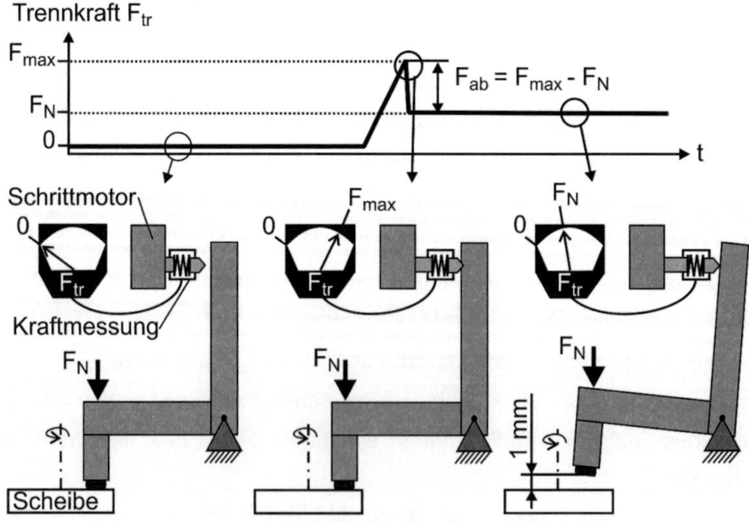

Abb. 2.8: Schematische Darstellung der Ermittlung der Abhebekraft F_{ab} aus dem zeitlichen Verlauf der Trennkraft F_{tr} beim Abhebevorgang.

Trennkraft F_{max} und der Normalkraft F_N wurde als Abhebekraft F_{ab} bezeichnet und als Maß für die Laplacekraft F_{lap} herangezogen.

2.4.2 UMT3-Tribometer

Im Labortribometer (UMT3, Fa. CETR) (Abb. 2.9a) wurden im Modellversuch Pellet/Scheibe im einsinnigen, ölgeschmierten Gleitkontakt (Abb. 2.9b) die Reibungskraft und die Kontakttemperatur der jeweiligen Paarung in Abhängigkeit von der Gleitgeschwindigkeit und der Normalkraft gemessen.

Zur Verspannung der Scheiben auf dem Probentisch (Abb. 2.9a) wurden diese mit einer Zentrier- und Mitnehmerbohrung (Abb. 2.9d) versehen. Bei den keramischen Materialien (SSiC und Saphir) wurden diese Bohrungen durch Ultraschall-Schwingläppen und beim Stahl spanend vor der Wärmebehandlung hergestellt. Zur Messung der Kontakttemperatur wurden die Pellets zentrisch unter der Kontaktfläche in einem Abstand von 0,45 mm mit einer 0,5 mm Bohrung zur Aufnahme eines Thermoelements versehen (Abb. 2.9e). Beim Stahl wurde diese Bohrung durch Funken-Erosion und bei den Keramiken wiederum durch Ultraschall-Schwingläppen eingebracht.

Die Pellets wurden von auf ihre Größe abgestimmte Halterungen aufgenommen (Abb. 2.9c), so dass bei den Pelletgrößen von Ø8 und Ø10 mm ein konstanter Abstand von 2,3 mm zwischen Halterung und Scheibe eingehalten wurde. Zur Verhinderung eines Druckaufbaus in der Pellethalterung wurden diese mit Ölabflusskanälen versehen (Abb. 2.9c). So wurde eine quasi-selbstausrichtende Wirkung erzielt und Kantenträger vermieden.

Die Normalkraft F_N wurde im Bereich von 10 bis 60 N und die Gleitgeschwindigkeit von 0,1 bis 10 m/s eingeregelt. Die Gleitgeschwindigkeit wurde, wie Abb. 2.9g zeigt, unter konstanter Normalkraft aus dem Ruhezustand in 5 s auf den gewählten Wert beschleunigt, für weitere 120 s konstant gehalten, bevor über 5 s wieder zum Stillstand abgebremst wurde. Dieser Ablauf wird als Zyklus bezeichnet. Während des gesamten Zyklus wurde kontinuierlich, standardmäßig mit einem Ölvolumenstrom von 8,9 mm^3/s, FVA-Öl Nr. 3 per Tropfschmierung zugeführt sowie die Reibungszahl und die Kontakttemperatur kontinuierlich aufgezeichnet. Zur Auswertung wurden die Kontakttemperaturen und Reibungszahlen nach 125 s mindestens zweier charakteristischer Läufe gemittelt.

a) UMT3-Tribometer

b) Modellsystem

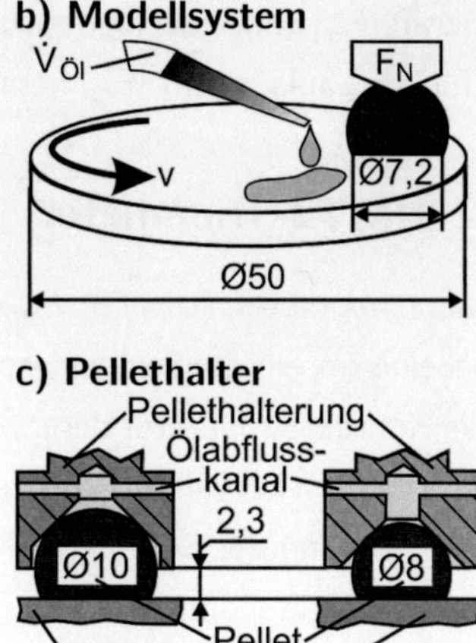

c) Pellethalter

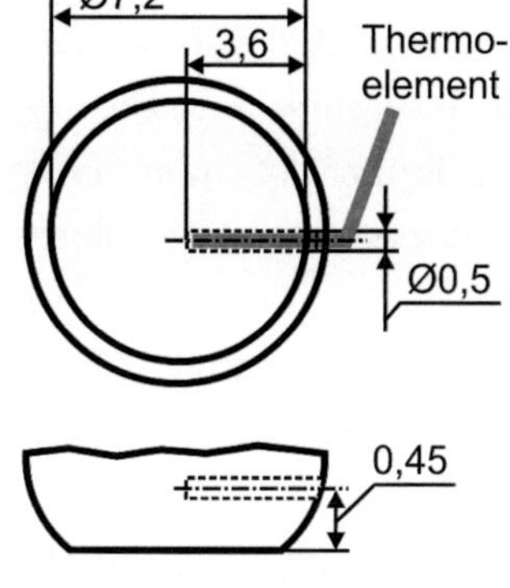

d) Probenscheiben

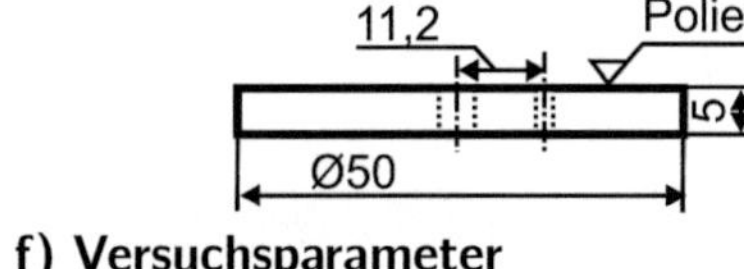

e) Pelletbohrung

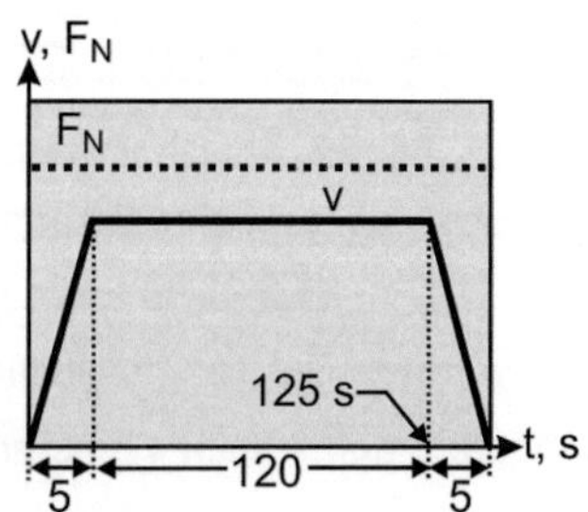

f) Versuchsparameter

Normalkraft F_N	10 – 60 N
Gleitgeschwindigkeit v	0,1 – 10,0 m/s
Spurradius R	18 mm
Standardöl (ISO VG 100)	FVA-Öl Nr. 3
dyn. Viskosität $\eta(20°C)$	295,1 mPas
Ölvolumenstrom $\dot{V}_{Öl}$	8,9 mm³/s
Umgebungstemperatur T	20 °C
Luftfeuchte	50 % r. F.

g) Versuchsführung

Abb. 2.9: Schematische Darstellung (a) des UMT3-Tribometer, (b) des Modellversuchs, (c) der auf die Pelletgröße angepasstenden Pellethalterungen, (d) der Geometrie der Probenscheiben, (e) der Anbringung des Thermoelements sowie (f) die gewählten Versuchsparameter und (g) die Versuchsdurchführung.

2.5 Messung der Benetzung

Als Maß für die Benetzung der verwendeten Probenmaterialien mit FVA-Öl Nr. 3 wurde mit einem Benetzungswinkelmessgerät (OCA 15 plus, Fa. dataphysics) der Vorrückwinkel (Abb. 2.10c) untersucht. Als Benetzungswinkel θ wird der Winkel zwischen der Tangente an die Flüssigkeitsoberfläche und der Festkörperoberfläche (Abb. 2.10a) bezeichnet. Im Schnittpunkt der Tangente mit der Oberfläche des Festkörpers gilt die Youngsche-Gleichung mit den Oberflächenspannungen σ_s, σ_l und σ_{sl} des Festkörpers, der Flüssigkeit und der Grenzfläche

$$\cos\theta = \frac{\sigma_s - \sigma_{sl}}{\sigma_l} \tag{2.4}$$

Abb. 2.10b zeigt schematisch den Messaufbau. Mit der Dosiereinheit wurden Flüssigkeitstropfen mit einem konstantem Volumenstrom von 0,1 mm^3/s auf der Oberfläche des Probenmaterials erzeugt (Abb. 2.10c). Mit der integrierten Kamera wurde dieser

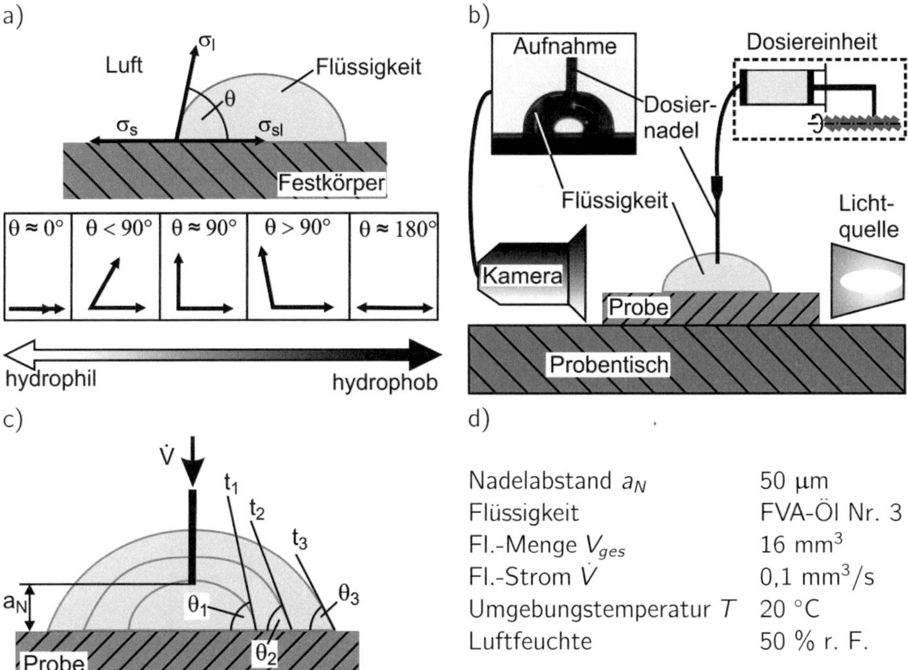

Abb. 2.10: Schematische Darstellung (a) des Benetzungswinkels θ, (b) des Messaufbaus, (c) des prinzipiellen Ablaufs einer kontinuierlichen Messung und (d) der Messbedingungen.

Vorgang zur Kontraststeigerung unter Gegenlicht aufgezeichnet. Eine Bilderkennungs-
software berechnete aus den Videos automatisch den Tangentenwinkel zur Horizontalen
mit dem zeitlichen Verlauf des Benetzungswinkels als Ergebnis. Dabei stellte sich nach
einer gewissen Zeit ein konstanter Winkel ein, der mit Vorrückwinkel bezeichnet wird
und hier als Maß für die Benetzung herangezogen wurde. Die Messwerte wurden aus 10
Einzelmessungen gemittelt.

2.6 Simulation der Strömung in Mikrokanälen

Zur Unterstützung der tribologischen Experimente wurden vereinfachte 3D-Computer-
Simulationen mit Hilfe der Software COMSOL 3.5a angefertigt. In Abb. 2.11a ist sche-
matisch ein texturiertes Pellet auf dem Spurradius R im tribologischen Kontakt mit einer
Scheibe dargestellt. Der Quader kennzeichnet den in der Simulation betrachteten Bereich,
weil die feinen Texturen und der schmale Schmierspalt eine Simulation der gesamten
Kontaktfläche verhinderte. Eine Anzahl von 5 mal 5 Texturelementen stellte einerseits

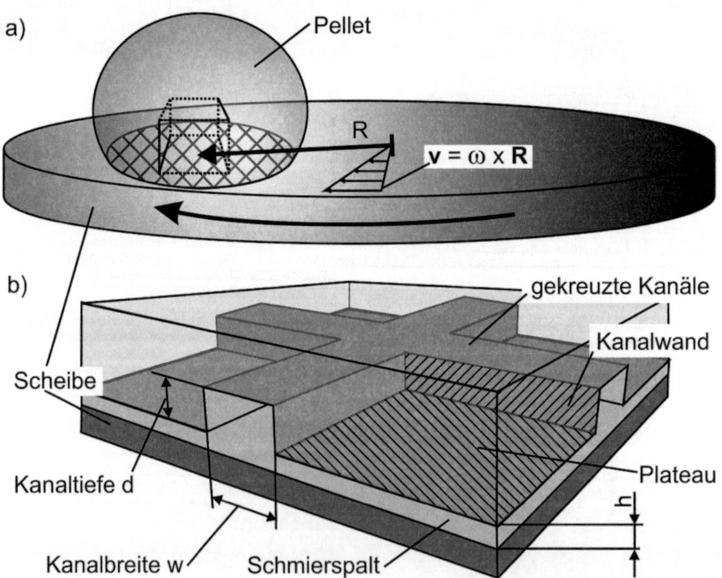

Abb. 2.11: Schematische Darstellung (a) der Anordnung eines texturierten Pellets auf dem Spur-
radius mit dem Richtungsvektor R auf der sich drehenden Scheibe und (b) des in der
Simulation betrachteten Bereichs (Kanaltiefe d, Kanalbreite w ,der Schmierfilmdicke
h); Pfeil zeigt in Drehrichtung der Scheibe.

zur Reduktion der Randeffekte und andererseits zur Erfassung eines möglichst großen Bereichs der Kontaktfläche einen guten Kompromiss dar. Abb. 2.11b zeigt eine Simulationsgeometrie aus 2 mal 2 Plateaus. Die Simulationsrechnung bezog sich ausschließlich auf die Strömung des Öls im Schmierspalt und in den ölgefüllten Kanälen. Dieses Volumen wird auch als Rechengebiet bezeichnet. Die strömungsmechanischen Eigenschaften wurden mit der inkompressiblen Navier-Stokes-Gleichung (Gl. 2.5) beschrieben. Dabei symbolisieren $\boldsymbol{v}$ die vektorielle Strömungsgeschwindigkeit, p den hydrostatischen Druck, ρ die Dichte und η die dynamische Viskosität des Öls und t die Zeit.

$$\rho\frac{\partial}{\partial t}\mathbf{v} + \rho\left(\mathbf{v}\cdot\nabla\right)\mathbf{v} = -\nabla p + \eta\nabla^{2}\mathbf{v}$$
$$\nabla\cdot\mathbf{v} = \mathbf{0}$$
(2.5)

Auf den Begrenzungen des Rechengebiets wurden realitätsgetreue Randbedingungen definiert, nämlich Einströmen bzw. Ausströmen an den Kanalenden (Gl. 2.6 und 2.7), Haften (Gl. 2.8) an den Pelletwirkflächen und Vorgabe der Drehgeschwindigkeit an der Scheibenwirkfläche (Gl. 2.9). $\boldsymbol{n}$ ist der Flächennormalenvektor, $\boldsymbol{R}$ der Richtungsvektor vom Scheibenmittelpunkt zum Mittelpunkt der Wirkfläche, p_0 der Atmosphärendruck und $\boldsymbol{\omega}$ die Winkelgeschwindigkeit der Scheibe.

$$p = p_0 \tag{2.6}$$
$$\eta\left(\nabla\mathbf{v} + \mathbf{v}\nabla\right)\cdot\mathbf{n} = \mathbf{0} \tag{2.7}$$
$$\mathbf{v} = \mathbf{0} \tag{2.8}$$
$$\mathbf{v} = \boldsymbol{\omega}\times\boldsymbol{R} \tag{2.9}$$

Durch die Ölviskosität überträgt sich die Bewegung der Scheibe auf das Öl in den Kanälen. Die auf einer Finiten-Elemente-Methode basierende Computer gestützte Berechnung gab die durch diese Bewegung hervorgerufenen Druck- und Geschwindigkeitsverteilungen im strömenden Öl an. Das bedeutet, dass der Geschwindigkeitsvektor $\boldsymbol{v}$ und der hydrostatische Druck p an statistisch verteilten Punkten (Knoten) im Volumen berechnet wurden. Durch Anfertigen entsprechender CAD-Zeichnungen wurden die Schmierfilmdicke h, die Kanaltiefe d und die Kanalbreite w variiert. Tab. 2.4 gibt die umgesetzten Werte wieder. Die Auswertung der Simulationen erfolgte durch Integration der Schubspannungen $\boldsymbol{\tau}$ an

Parameter	Werte
Schmierfilmdicke h, µm	0, 5, 10 und 20
Kanaltiefe d, µm	10, 20 und 50
Kanalbreite w, µm	60 und 100

Tab. 2.4: Auflistung der in Computer gestützten Simulationen variierten Werte der Schmierfilmdicke h, der Kanaltiefe d und der Kanalbreite w.

den Kanalwandflächen (Kanalwand, Abb. 2.11b). Die erhaltene Größe spiegelte einen viskosen Reibungswiderstand F_{str} wieder.

$$F_{str} = \int_{Kanalwand} \boldsymbol{\tau} \cdot \mathbf{n} \, dA \tag{2.10}$$

Auf Basis dieser Größe ließen sich die Wirkungen der unterschiedlichen Texturierungen miteinander vergleichen.

3 Ergebnisse

In den folgenden Kapiteln werden die experimentellen Ergebnisse der Oberflächencharakterisierung, der tribologischen Messungen und der ergänzenden Computersimulationen dargelegt sowie ausgewählte Aufnahmen aus den in situ-Beobachtungen gezeigt.

3.1 Rauheitskennwerte der Proben

In Abbildung 3.1 werden die Rauheitskennwerte R_a, R_k, R_{pk} und R_{vk} der Pellet- und Scheibenkontaktflächen im polierten Zustand gezeigt.

Die SSiC- und Saphir-Pellets zeigten die höchsten R_a-Werte von 0,016 ± 0,004 µm und die Stahl-Pellets von 0,007 ± 0,001 µm. Die R_k-Werte waren bei den SSiC-Pellets am geringsten mit Werten von 0,012 ± 0,005 µm, während sie bei den Stahl- und Saphir-Pellets mehr als doppelt so hoch waren, nämlich 0,024 ± 0,005 µm bzw. 0,032 ± 0,005 µm. Bei der reduzierten Riefentiefe wichen die Saphir-Pellets mit Werten von 0,048 ± 0,004 µm stark vom mittleren R_{vk}-Wert der SSiC- und Stahl-Pellets von 0,022 ± 0,004 µm ab. Bezüglich der reduzierten Spitzenhöhe R_{pk} zeigten alle Kontaktflächen ähnliche Werte von 0,025 µm.

Die R_a-Werte der Stahl-Scheiben betrugen 0,013 ± 0,002 µm und die der SSiC-Scheiben 0,009 ± 0,001 µm. Die niedrigsten R_a-Werte von 0,005 ± 0,001 µm zeigten die Saphir-Scheiben. Die R_k-Werte der Saphir-Scheiben waren mit Werten von 0,014 ± 0,002 µm ebenfalls am geringsten. Bei den Stahl-Scheiben lag die Kerntiefe bei 0,024 ± 0,003 µm und bei den SSiC-Scheiben bei 0,028 ± 0,005 µm. Die Werte der reduzierten Riefentiefe waren bei den SSiC-Scheiben mit 0,044 ± 0,011 µm am größten. R_{vk}-Werte der Stahl- und Saphir-Scheiben betrugen 0,029 ± 0,008 µm bzw. 0,022 ± 0,001 µm. R_{pk}-Werte lagen bei allen Scheibenoberflächen bei 0,025 µm.

An polierten Scheiben der Versuchs- und Referenzmaterialien wurde die Benetzbarkeit mit FVA-Öl Nr. 3 gemessen. Die erzielten Benetzungswinkel sind in Abb. 3.1c aufgetragen. Von den getesteten keramischen Materialien zeigte Saphir mit 20 ± 2,3 ° den größten

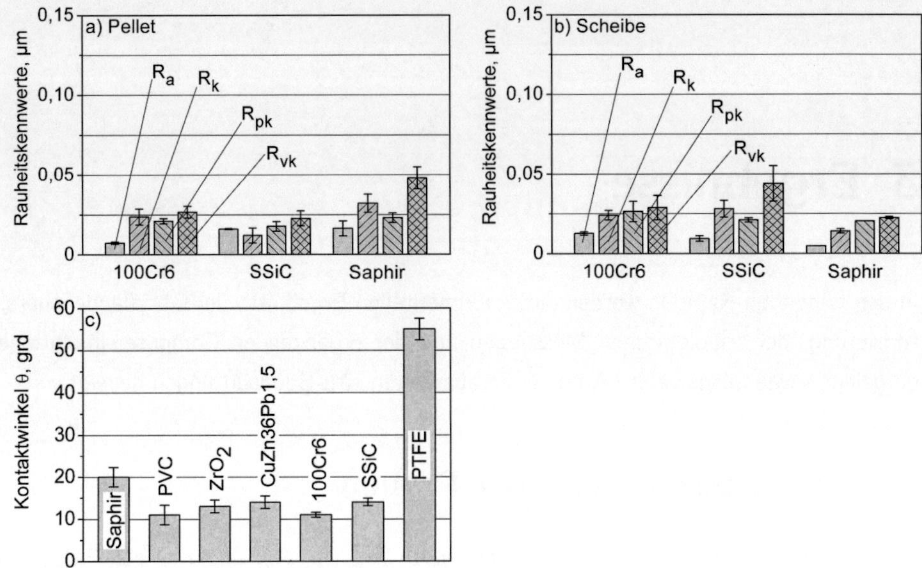

Abb. 3.1: (a) Rauheitskennwerte der polierten Pellets, (b) der polierten Scheiben sowie (c) die Benetzungswinkel der untersuchten Proben- und Referenzmaterialien mit FVA-Öl Nr. 3.

Benetzungswinkel. SSiC, ZrO_2 und das Messing CuZn36Pb1,5 benetzten im Vergleich zu Saphir etwas besser mit Winkeln von $14 \pm 1,5\,°$. Der niedrigste Winkel nämlich $11 \pm 2,0\,°$ wurde an PVC und am 100Cr6-Stahl ermittelt; Teflon wurde vom Öl wie erwartet am schlechtesten benetzt. Es ergab sich ein Winkel von $55 \pm 2,6\,°$.

3.2 Formtreue der Mikrokanäle

Die Mikrotexturierungen wurden mit Hilfe eines Lasers in die Pelletkontaktfläche eingebracht. Im Anschluss wurden eventuell entstandene Materialaufwürfe, die als Debris bezeichnet werden, mittels Polieren entfernt. Abb. 3.2 zeigt rasterelektronenmikroskopische Aufnahmen gekreuzter Kanäle der Breiten $w = 60$, 100 und 300 µm jeweils mit 10 und 50 µm Tiefe und parallele Kanäle derselben geometrischen Abmessungen auf texturierten 100Cr6-Wirkflächen. Die Gestalt der hervorstehenden Plateaus zwischen gekreuzten Kanälen (Abb. 3.2a-f) sowie die Stege zwischen parallelen Kanälen waren für die einzelnen Texturierungen (Abb. 3.2g-l) einheitlich. Darüber hinaus stimmten die

Plateaugrößen von Texturierungen mit gleicher Kanalbreite und Flächenanteil aber unterschiedlichen Kanaltiefen gut überein. Abb. 3.3a und 3.3b zeigen die Ergebnisse von Messungen zur Formtreue der Texturierungen bezüglich der Kanalbreite und Kanaltiefe. Bei der Kanalbreite wurden Abweichungen vom nominellen Wert von höchstens ± 7 % festgestellt (Abb. 3.3a). Die nominelle Kanaltiefe wurde bei den 10 und 20 µm tiefen Kanälen

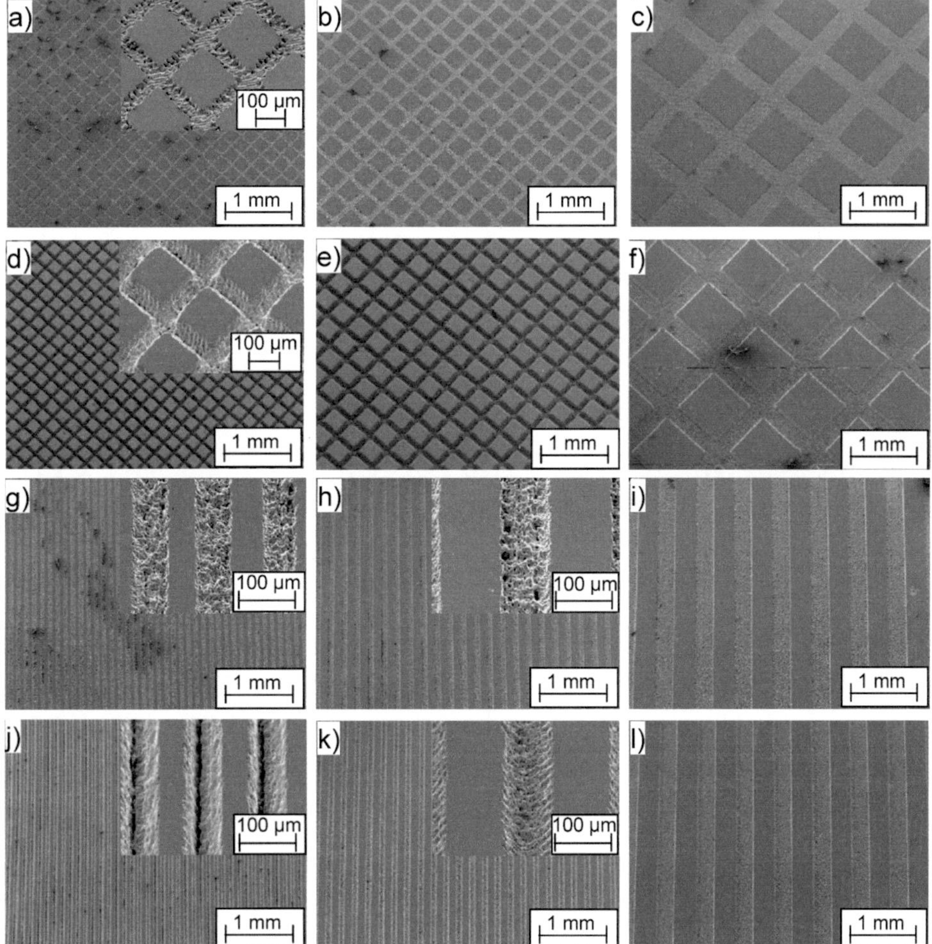

Abb. 3.2: REM-Aufnahmen von Texturierungen mit 50 % gekreuzten Kanälen (a-c) der Kanaltiefe 10 µm, (d-f) der Kanaltiefe 50 µm und den Kanalbreiten (a, d) von 60 µm, (b, e) 100 µm und (c, f) 300 µm und mit 50 % parallelen Kanälen (g-i) der Kanaltiefe 10 µm, (j-l) der Kanaltiefe 50 µm und den Kanalbreiten (g, j) von 60 µm, (h, k) 100 µm und (i, l) 300 µm.

beider Texturmuster sowie den 30 und 50 μm tiefen parallelen Kanälen zu ± 5 % einge-halten (Abb. 3.3b). Bei den gekreuzten Kanälen der Tiefen 30 und 50 μm traten jedoch größere Abweichungen von ± 12 % auf (Abb. 3.3b). Bis auf diese Ausnahme herrschte somit eine gute Übereinstimmung mit den nominellen Kanalbreiten und -tiefen vor.

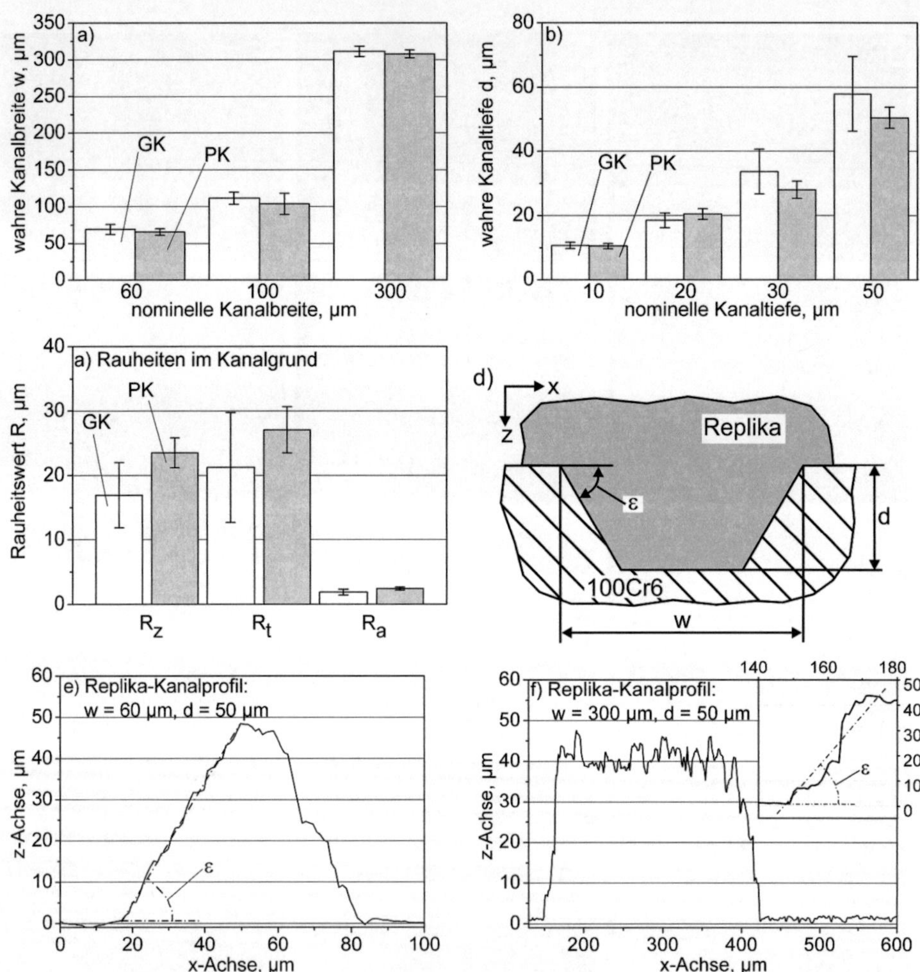

Abb. 3.3: Formtreue der Mikrotexturierungen bezüglich (a) der Breite und (b) der Tiefe und (c) Rauheitswerte des Kanalgrunds gekreuzter (GK) und paralleler Kanäle (PK); (d) schematische Darstellung der Herstellung von Replika-Abdrücken zur Vermessung des Flankenwinkels ε; (e, f) FRT-Messungen von Kanalprofilen an Replika-Abdrücken von 50 μm tiefen und (e) 60 μm bzw. (f) 300 μm breiten Kanälen.

Der Kanalgrund und die Kanalflanken wiesen relativ große Rauheiten auf (Ausschnitts-
bilder, Abb. 3.2). Die Rauheiten des Kanalgrunds von 300 µm breiten, parallelen und gekreuzten Kanälen wurden durch berührungslose FRT-Messungen bestimmt (Abb. 3.3c).
Parallele Kanäle zeigten R_a-Werte von 2,4 $\pm$ 0,2 µm, die gekreuzten Kanäle 1,9 $\pm$
0,5 µm. Die R_z- und R_t-Werte lagen bei beiden Texturmustern zwischen 17 und 27 µm.
Insgesamt konnten vergleichbare Rauheiten im Grund der Kanäle der Texturierungen
bestätigt werden.

Die beiden Texturierungen mit 60 µm Breite und 50 µm Tiefe (Abb. 3.2d, j) zeigten im
Kanalgrund deutlich schmalere Kanalbreiten. Zur Vermessung der Schräge der Kanalwand
wurden Replika-Abdrücke der Kanäle angefertigt (Abb. 3.3d) und daran der Flankenwinkel
ϵ mittels FRT-Profilaufnahmen ermittelt. Hierbei traten aufgrund der großen Rauheiten
im Kanalgrund besonders bei flachen Kanälen messtechnische Schwierigkeiten auf. Abb.
3.3e und 3.3f zeigen Profile der parallelen Kanäle mit den Breiten 60 und 300 µm und
jeweils der Tiefe von 50 µm aus Abb. 3.2j und 3.2l. In Tab. 3.1 wurden Flankenwinkel
paralleler Kanäle unterschiedlicher Abmessungen aufgelistet. Die Kanäle mit 60 µm Brei-

Kanalbreite w, µm	Kanaltiefe d, µm	Flankenwinkel ϵ, grd	Streuung, grd
60	10	35	$\pm$ 5,5
60	20	50	$\pm$ 3,5
60	50	55	$\pm$ 0,5
100	50	55	$\pm$ 2,0
300	50	54	$\pm$ 7,0

Tab. 3.1: An Replikaten gemessene Flankenwinkel ϵ und dessen Streuung von mit parallelen
Kanälen texturierten 100Cr6-Wirkflächen.

te und 10 µm Tiefe zeigten den kleinsten Winkel von 35 ° mit einer Streuung von $\pm$ 5,5 °.
Kanäle von 60 µm Breite mit 20 µm Tiefe lagen bei einem Winkel von 50 $\pm$ 3,5 °. Jene
mit einer Tiefe von 50 µm zeigten Kanalwände mit einer Schräge von 55 $\pm$ 0,5 °. Offensichtlich nahmen die Streuungen mit steigender Kanaltiefe ab, was auf messtechnische
Schwierigkeiten bei flachen Kanälen und nicht auf die Laserbearbeitung zurückzuführen
war. Einen Flankenwinkel von etwa 55 ° zeigten auch die 100 und 300 µm breiten Kanäle
der Tiefe von 50 µm. Die breiteren Kanäle zeigten jedoch eine große Streuung mit $\pm$ 7 °.
Unter Berücksichtigung der Streuung der Messwerte, insbesondere bei flachen Kanälen,
schienen die Flankenwinkel, jedoch unabhängig von der Kanalbreite oder Kanaltiefe, Werte von 55 ° zu haben (Tab. 3.1).

3.3 Pelletumströmung

Abb. 3.4 zeigt Verläufe der Reibungszahl und der Schmierfilmdicke einer untexturierten 100Cr6/Saphir Paarung unter Schmierung mit FVA-Öl Nr. 3 in Abhängigkeit von der Zeit sowie in situ-Aufnahmen zu ausgewählten Zeitpunkten t = 25 und 87 s. Die Reibungszahl zeigte nach einem kontinuierlichen Anstieg während der Beschleunigungsphase einen

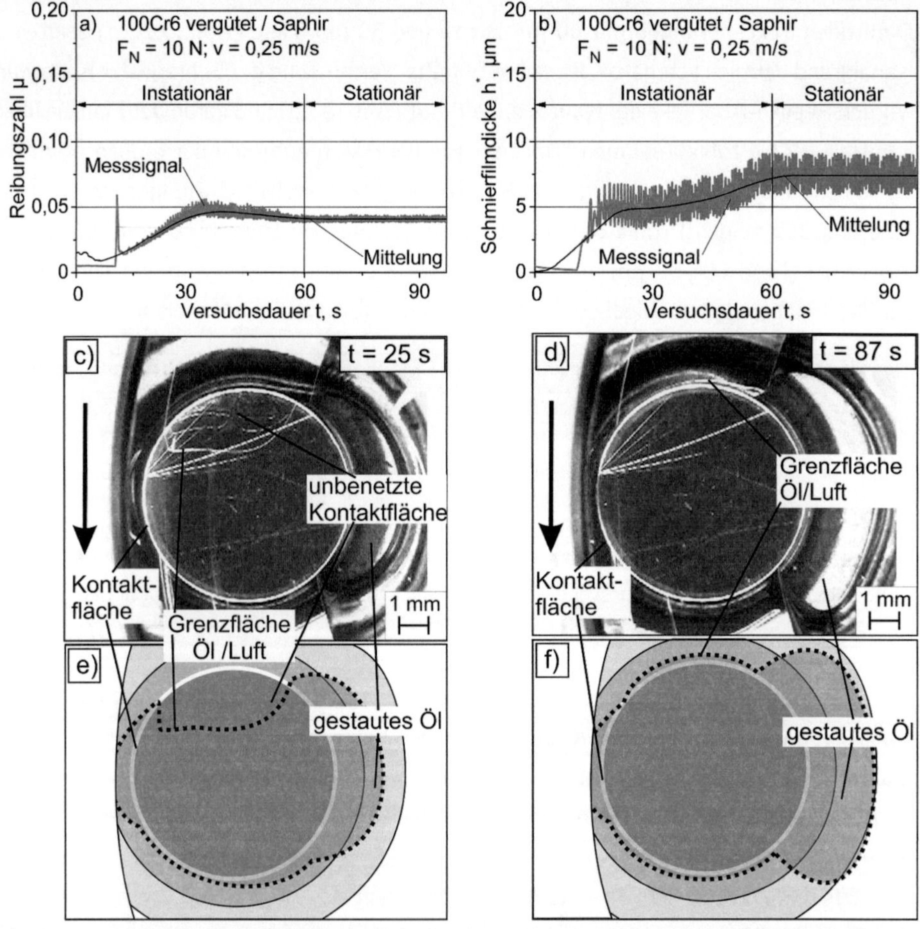

Abb. 3.4: Zeitliche Verläufe (a) der Reibungszahl und (b) der Schmierfilmdicke sowie (c, d) in situ-Aufnahmen und (e, f) deren schematische Darstellung (c) nach 25 s im instationären und (d) nach 87 s im stationären Bereich einer nur polierten 100Cr6/Saphir Paarung (v = 0,25 m/s, F_N = 10 N, 2,0 mm^3/s FVA-Öl Nr. 3); Pfeil zeigt in Drehrichtung der Scheibe.

unruhigen Verlauf mit relativ großen Schwankungen im Messsignal und relativ hohen Reibungszahlwerten (Abb. 3.4a). Im weiteren Verlauf sanken die Schwankungen und die Werte der Reibungszahl kontinuierlich und erreichten nach etwa 60 s einen stabilen Zustand. Die Schmierfilmdicke lag nach der Beschleunigungsphase bei etwa 5 μm, stieg jedoch stetig an bis sie nach 60 s einen Sättigungswert von etwa 7 μm erreichte (Abb. 3.4b). Die

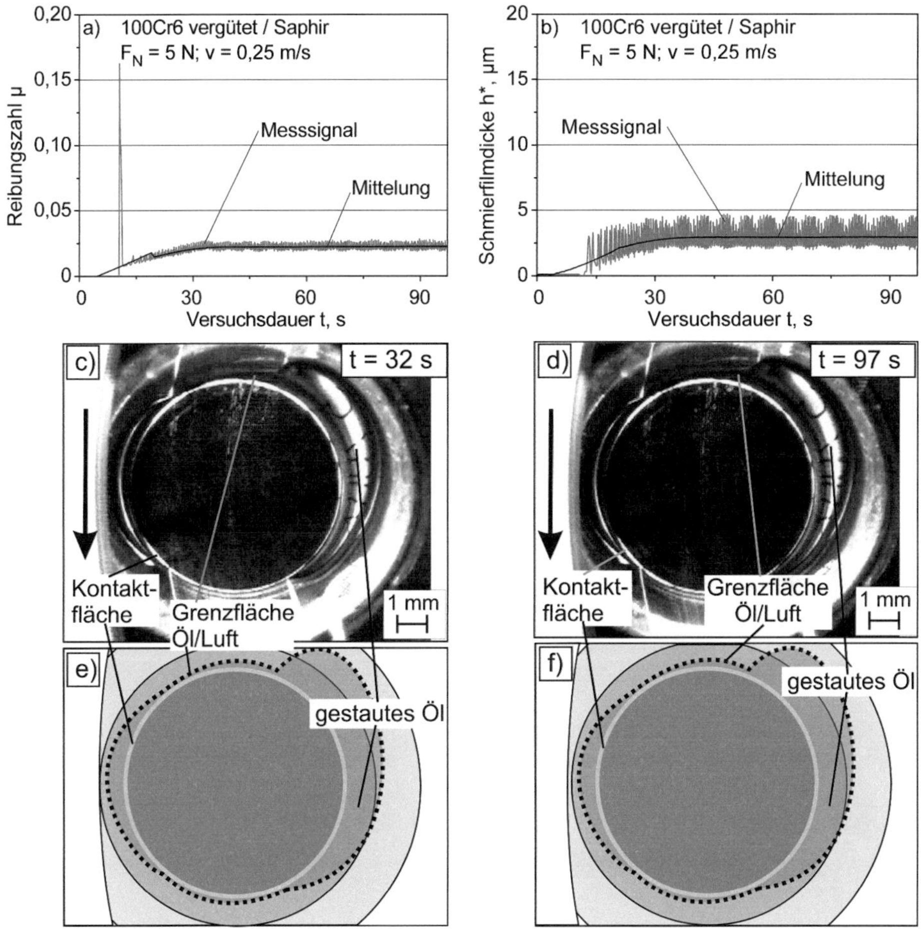

Abb. 3.5: Zeitliche Verläufe (a) der Reibungszahl und (b) der Schmierfilmdicke sowie (c, d) in situ-Aufnahmen und (e, f) deren schematische Darstellungen (c) nach 32 s im instationären und (d) nach 97 s im stationären Bereich einer nur polierten 100Cr6/Saphir Paarung (v = 0,25 m/s, F_N = 5 N, 2,0 mm³/s FVA-Öl Nr. 1); Pfeil zeigt in Drehrichtung der Scheibe.

Phase mit relativ hohen Reibungszahlen, großen Schwankungen im Reibungs-Messsignal und niedrigen Schmierfilmdicken wurde als „instationärer" Zustand, die Sättigungsphase mit niedrigen Reibungszahlen, geringen Messsignal-Schwankungen und hohen Schmierfilmdicken als „stationärer" Zustand bezeichnet. Durch mikroskopische Beobachtung im „In situ-Tribometer" war es möglich, die Umströmung der Pelletkontaktfläche zu betrachten. In Abb. 3.4e wurde die in situ-Aufnahme aus Abb. 3.4c zum Zeitpunkt $t = 25$ s

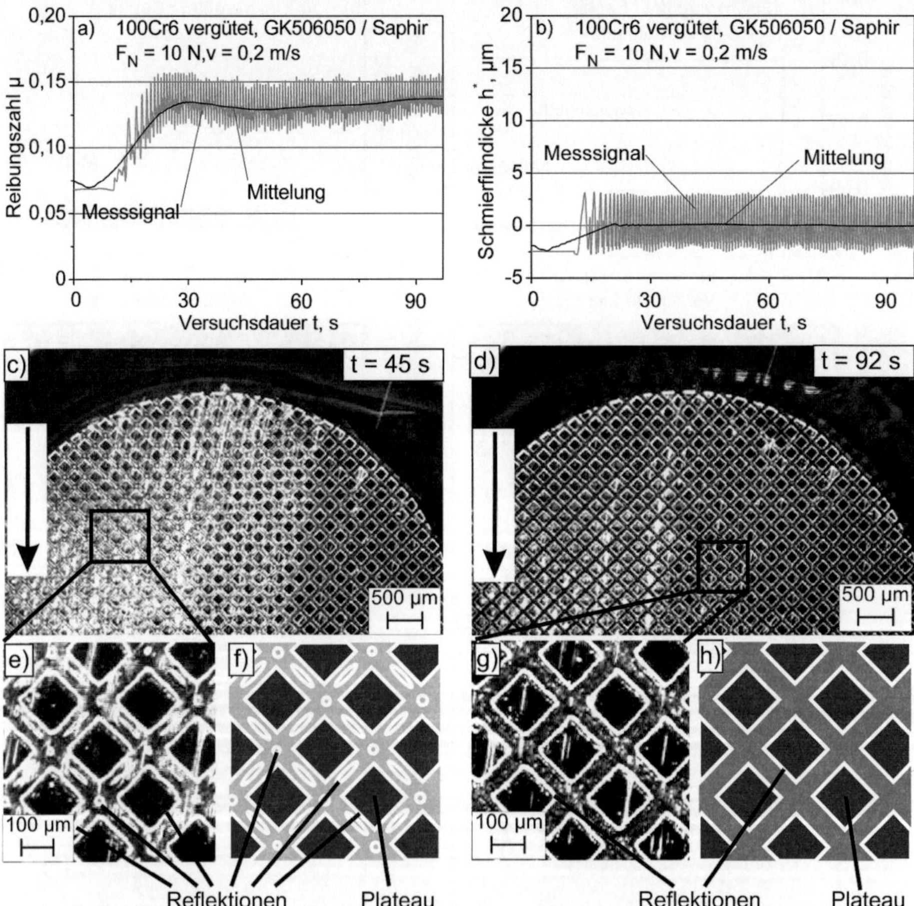

Abb. 3.6: Zeitliche Verläufe (a) der Reibungszahl und (b) der Schmierfilmdicke sowie (c-e, g) in situ-Aufnahmen und (f, h) schematische Darstellungen (c, e, f) nach 45 s im instationären und (d, g, h) nach 92 s im stationären Bereich einer 100Cr6/Saphir Paarung mit 50 % gekreuzten Kanälen ($w = 60$ μm, $d = 50$ μm) texturiertem Pellet ($v = 0,20$ m/s, $F_N = 10$ N, 2,0 mm^3/s FVA-Öl Nr. 3); Pfeil zeigt in Drehrichtung der Scheibe.

schematisch dargestellt und der Verlauf der Öl-Luft-Grenzfläche mit einer gestrichelten Linie verdeutlicht. Die Grenzfläche verlief offensichtlich durch die Kontaktzone hindurch und teilte diese in einen nicht benetzten Bereich an der Öleintrittsseite und einen benetzten Bereich an der Ölaustrittsseite auf. Zum Zeitpunkt $t = 87$ s (Abb. 3.4d) schloss die Grenzfläche die Kontaktfläche ein und verlief ausschließlich um das Pellet herum. Zudem vergrößerte sich von $t = 25$ s (Abb. 3.4c, e) auf $t = 87$ s (Abb. 3.4d, f) das gestaute Ölvolumen am rechten Pelletrand.

Unter Verwendung des niedrig viskosen FVA-Öls Nr. 1 (Abb. 2.5) nahmen sowohl die Reibungszahl (Abb. 3.5a) als auch die Schmierfilmdicke (Abb. 3.5b) unmittelbar nach Ende der Beschleunigungsphase ihren Sättigungswert an. Die in situ-Aufnahmen zu unterschiedlichen Zeitpunkten $t = 32$ und 97 s (Abb. 3.5c, d) zeigten keine signifikanten Veränderungen des Öl-Luft-Grenzflächenverlaufs. Die Grenzfläche verlief zu beiden Zeitpunkten ausschließlich um die Kontaktfläche herum, und darüber hinaus blieb das gestaute Ölvolumen unverändert.

Abb. 3.6 zeigt eine gleiche Auftragung für eine 100Cr6/Saphir-Paarung mit gekreuzten Kanälen texturiertem Pellet ($a_{tex} = 50$ %, $w = 60$ µm, $d = 50$ µm) unter Schmierung mit FVA-Öl Nr. 3. Nach der Beschleunigungsphase durchlief die Reibungszahl ein lokales Maximum, ehe sie im weiteren Verlauf rasch auf ein lokales Minimum abfiel (Abb. 3.6a). Anschließend stiegen die Reibungszahlwerte wieder allmählich an. Die Schmierfilmdicke blieb währenddessen unter 1 µm, d.h. unterhalb der Messgrenze (Abb. 3.6b). Die in situ-Aufnahme nach $t = 45$ s (Abb. 3.6c) zeigt, mit einem hellen und einem dunklen Bereich, eine zweigeteilte Kontaktfläche. Dagegen war in der Aufnahme nach $t = 92$ s (Abb. 3.6d) eine durchgehende, dunkle Kontaktfläche zu beobachten. In der Vergrößerungsaufnahme des dunklen Bereichs (Abb. 3.6g) konnten die Mikrokanäle als vollständig gefüllt identifiziert werden. Im hellen Bereich (Abb. 3.6e) wiesen durch spiegelnde Öl-Luft-Grenzflächen verursachte Reflexionen auf unvollständig gefüllte Kanäle hin.

3.4 Tribologische Kenngrößen

In diesem Kapitel wird auf die tribologischen Kenngrößen Reibungszahl und Schmierfilmdicke aus Versuchen im „In situ-Tribometer" mit maximaler Gleitgeschwindigkeit von 0,30 m/s bei höchstens 10 N Normalkraft eingegangen. Weiter werden Reibungszahl und Kontakttemperatur aus Versuchen im Labortribometer UMT3 mit Gleitgeschwindigkeiten bis 10,0 m/s und Normalkräften bis 60 N gezeigt.

3.4.1 Untexturierte Paarungen

Untexturierte, nur polierte Kontaktflächen von 100Cr6-Stahl/Saphir-Paarungen wurden im „In situ-Tribometer" und im UMT3-Tribometer untersucht.

3.4.1.1 Versuche im „In situ-Tribometer"

Abb. 3.7 zeigt die Verläufe der Reibungszahl und Schmierfilmdicke in Abhängigkeit von der Gleitgeschwindigkeit bei den Normalkräften $F_N = 2$ und 10 N. Beide Größen zeigten mit zunehmender Gleitgeschwindigkeit kontinuierlich ansteigende Werte, wobei die Reibungszahl bei 2 N Normalkraft (Abb. 3.7a) von circa 0,03 bei 0,02 m/s auf 0,09 bei 0,30 m/s und die Schmierfilmdicke (Abb. 3.7b) in diesem Bereich von etwa 3,5 auf 13,5 µm anstieg. Bei der höheren Normalkraft von 10 N nahmen die Werte beider Messgrößen deutlich ab, ebenso wie deren Anstieg im Intervall von 0,02 auf 0,30 m/s. Dieser verlief bezüglich der Reibungszahl (Abb. 3.7c) von 0,01 auf 0,03 und bei der Schmierfilmdicke von 1,1 auf etwa

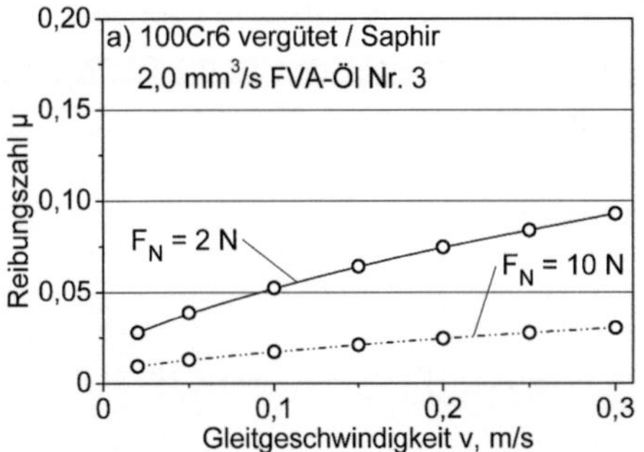

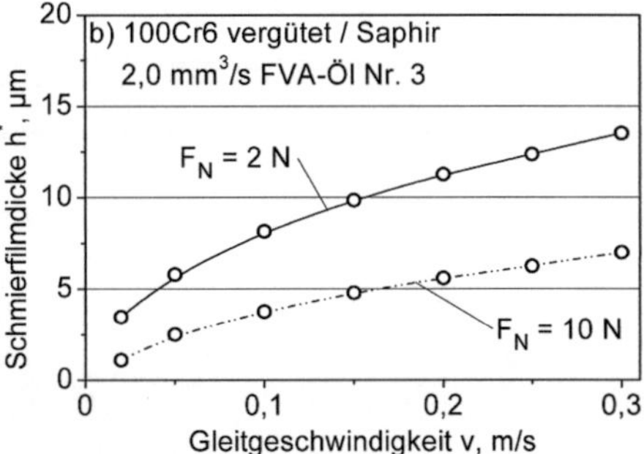

Abb. 3.7: (a) Reibungszahl- und (b) Schmierfilmdickenverläufe in Abhängigkeit von der Gleitgeschwindigkeit der nur polierten Kontaktflächen 100Cr6/Saphir bei den Normalkräften $F_N = 2$ und 10 N jeweils mit 2,0 mm³/s FVA-Öl Nr. 3.

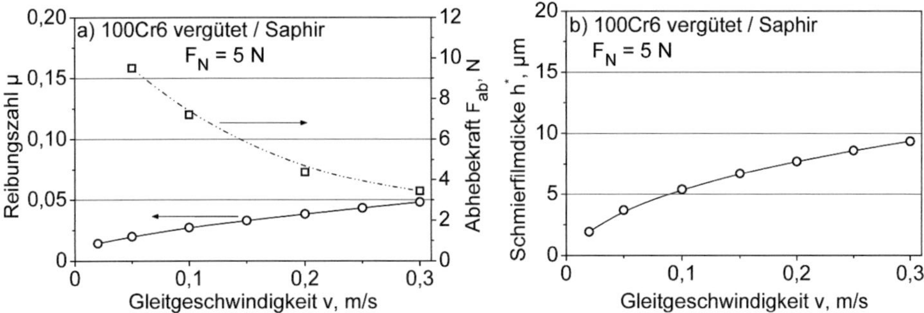

Abb. 3.8: Verläufe der (a) Abhebekraft F_{ab} und Reibungszahl sowie (b) der Schmierfilmdicke in Abhängigkeit von der Gleitgeschwindigkeit bei einer Normalkraft von $F_N = 5$ N und 2,0 mm³/s FVA-Öl Nr. 3.

7,0 µm. Abb. 3.8a zeigt den Verlauf der Abhebekraft (s. Abb. 2.8) und der Reibungszahl sowie in Abb. 3.8b den Schmierfilmdickenverlauf über der Gleitgeschwindigkeit bei einer Normalkraft von 5 N. Die Verläufe der Reibungszahl und der Schmierfilmdicke zeigten das bereits beschriebene Verhalten mit Werten zwischen 0,015 und 0,05 bzw. 1,9 und 9,4 µm. Die Abhebekraft, die als Maß für die Laplacekraft herangezogen wurde, hatte bei einer Gleitgeschwindigkeit von 0,05 m/s ihren höchsten Wert von etwa 9 N und fiel hyperbolisch auf ungefähr 3 N bei 0,30 m/s ab. Unter Verwendung von Gl. 2.3 ergeben sich mit dem Anhaltswert von 0,02 N/m für die Oberflächenspannung von Mineralölen [149], den Benetzungswinkeln von Stahl und Saphir von 11 bzw. 20 ° (Abb. 3.1c), dem halben Kontaktflächendurchmesser als Radius der Kapillarbrücke und den gemessenen Schmierfilmdicken (3,7 µm bei 0,05 m/s bzw. 9,4 µm bei 0,30 m/s) Laplacekräfte zwischen 0,42 und 0,16 N. Damit fielen die gemessenen Abhebekräfte deutlich größer aus als die theoretische Abschätzung. Ein funktionaler Zusammenhang mit Gl. 2.3 war jedoch durch hyperbolisch abnehmende Messwerte bei steigender Schmierfilmdicke gegeben.

Einfluss des Schmiermediums

Neben dem standardmäßig verwendeten FVA-Öl Nr. 3 (ISO VG 100) wurden die Reibungseigenschaften einer untexturierten 100Cr6/Saphir Paarung mit dem wesentlich niedrig viskoseren FVA-Öl Nr. 1 (ISO VG 15) untersucht. Dazu zeigt Abb. 3.9 die Verläufe der Reibungszahl und der Schmierfilmdicke in Abhängigkeit von der Gleitgeschwindigkeit. Zunächst lagen beide Verläufe der mit FVA-Öl Nr. 1 geschmierten Paarung deutlich unter denen der mit dem viskoseren FVA-Öl Nr. 3 geschmierten Paarung. Die Reibungszahl

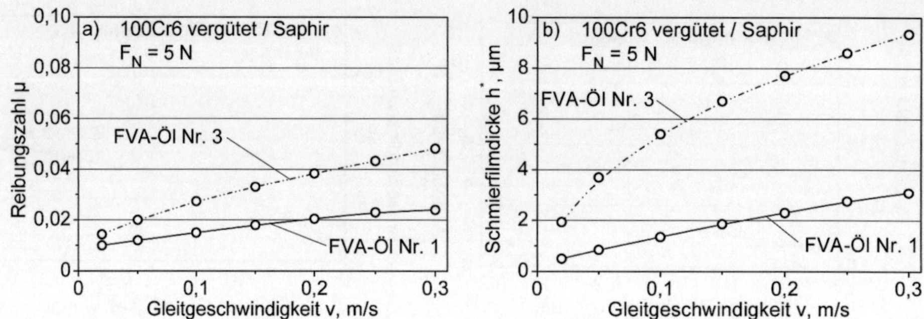

Abb. 3.9: (a) Reibungszahl- und (b) Schmierfilmdickenverläufe über die Gleitgeschwindigkeit einer nur polierten 100Cr6/Saphir Paarung mit 2,0 mm^3/s FVA-Öl Nr. 1 und 3 bei $F_N = 5$ N.

stieg ausgehend von einem Wert von 0,01 bei 0,02 m/s stetig mit wachsender Gleitgeschwindigkeit an bis hin zu einem Wert von 0,024 bei 0,30 m/s, während sich die Reibungszahlwerte für FVA-Öl Nr. 3 in diesem Geschwindigkeitsbereich zwischen 0,015 und 0,05 bewegten. Die Schmierfilmdicke zeigte ebenfalls stetiges Wachstum mit steigender Gleitgeschwindigkeit von etwa 0,5 auf 3,1 µm im Vergleich zu FVA-Öl Nr. 3 mit Werten von 1,9 und 9,4 µm.

Vergleich untexturierter Paarungen im UMT3-Tribometer und im „In situ-Tribometer"

Ergänzend zu den Untersuchungen im „In situ-Tribometer" wurden Modellversuche ausgewählter Paarungen im Labortribometer UMT3 durchgeführt. Dadurch konnten die Ergebnisse aus Versuchen im „In situ-Tribometer" durch Ergebnisse bei hohen Gleitgeschwindigkeiten ergänzt werden. Um im überschneidenden Geschwindigkeitsbereich der beiden Tribometer vergleichbare tribologische Bedingungen sicher zu stellen, wurden unterschiedliche Ölvolumenströme getestet. Abb. 3.10a zeigt die Reibungszahlverläufe aufgetragen über die Gleitgeschwindigkeit von Versuchen im „In situ-Tribometer" mit 2,0 mm^3/s und von Versuchen im UMT3-Tribometer mit 8,9 mm^3/s FVA-Öl Nr. 3 jeweils bei 10 N Normalkraft und dem Spurradius von $R = 18$ mm. Die Reibungszahlwerte der im „In situ-Tribometer" gefahrenen Paarung lagen im Geschwindigkeitsbereich von 0,02 bis 0,30 m/s zwischen 0,01 und 0,03. Die Reibungszahlwerte der im UMT3-Tribometer gefahrenen Paarung lagen bei der Gleitgeschwindigkeit von 0,10 m/s bei 0,01 und stiegen bis 1,0 m/s auf 0,11 an. Im Überlappungsbereich zeigten die Reibungszahlwerte

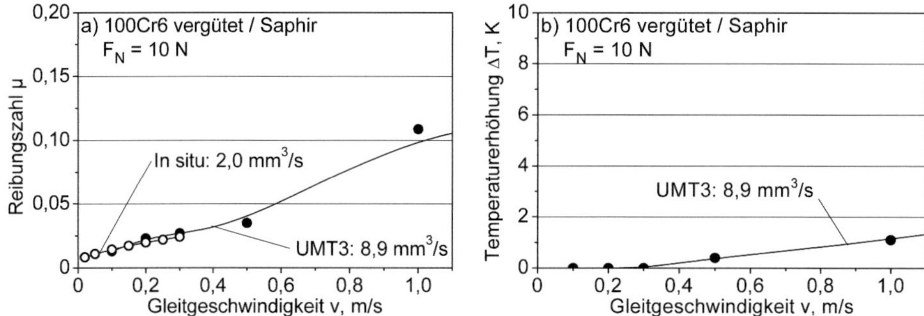

Abb. 3.10: Verlauf (a) der Reibungszahl und (b) der Kontakttemperaturerhöhung über die Gleitgeschwindigkeit einer 100Cr6/Saphir Paarung mit untexturierten, polierten Kontaktflächen bei der Normalkraft $F_N = 10$ N im „In situ-Tribometer" mit 2,0 mm³/s und
im Labortribometer UMT3 mit 8,9 mm³/s FVA-Öl Nr. 3.

eine gute Übereinstimmung, so dass bei diesen Gleitgeschwindigkeiten und den gewählten
Ölvolumenströmen in beiden Prüfständen von vergleichbaren Schmierungszuständen ausgegangen werden konnte. Abb. 3.10b zeigt den Verlauf der pelletseitig gemessenen Kontakterwärmung in Abhängigkeit von der Gleitgeschwindigkeit im UMT3-Tribometer. Erst
bei einer Gleitgeschwindigkeit von 0,5 m/s konnte eine Temperaturerhöhung im Kontakt
gemessen werden, nämlich 0,5 K. Bei einer Gleitgeschwindigkeit von 1,0 m/s betrug die
Kontakterwärmung 1,1 K. Dadurch wurde die Annahme, dass bei den Belastungen im
„In situ-Tribometer" keine messbaren Kontakterwärmungen auftreten, bestätigt.

3.4.1.2 Versuche im UMT3-Tribometer

Untersuchungen zum Einfluss von Gleitgeschwindigkeit und Normalkraft wurden bei hohen Gleitgeschwindigkeiten im UMT3-Tribometer durchgeführt. Abb. 3.11 zeigt die geschwindigkeitsabhängigen Reibungszahlverläufe und die Kontakterwärmungen bei den Normalkräften $F_N = 10$, 20 und 60 N. Im unteren Geschwindigkeitsbereich bis circa 0,3 m/s waren nur geringe Unterschiede bei Variation der Normalkraft festzustellen. Die Reibungszahlen lagen in diesem Bereich zwischen 0,02 und 0,04 und die Kontakterwärmungen unter 1 K. Ab 0,5 m/s verliefen die Kurven beider Messgrößen abhängig von der Normalkraft auf deutlich unterschiedlichen Niveaus, wobei die Reibungszahl mit steigender Normalkraft abnahm und die Kontakterwärmung mit steigender Normalkraft anstieg. Der Verlauf der Reibungszahl zeigte zunächst bis 1,5 m/s einen steilen Anstieg und im Weiteren eine flache Zunahme (Abb. 3.11a). Bei 10,0 m/s betrugen die Werte 0,20 für 10 N bzw. 0,11 für 20 N und 0,08 für die Normalkraft von 60 N. Die Kontakttemperaturerhöhung stieg, mit Ausnahme der Werte bei 10,0 m/s und 60 N, progressiv mit der Gleitgeschwindigkeit an. Bei 10,0 m/s betrugen die Werte 26 K bei 10 N bzw. 30 K bei 20 N und 36 K bei 60 N Normalkraft.

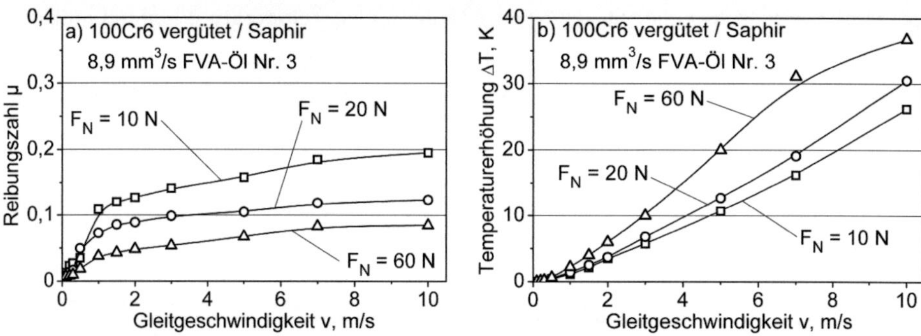

Abb. 3.11: Verläufe (a) der Reibungszahl und (b) der Temperaturerhöhung von untexturierten 100Cr6/Saphir Paarungen im UMT3-Tribometer bei den Normalkräften $F_N = 10$, 20 und 60 N mit 8,9 mm³/s FVA-Öl Nr. 3.

Einfluss des Pelletdurchmessers

In einer Versuchsreihe wurden Pellets mit einem Kugeldurchmesser von 10 mm im Gegensatz zur Standardgröße von 8 mm verwendet. Die Kontaktfläche hatte in beiden Fällen die Standardgröße von Ø7,2 mm. Ein konstanter Abstand von 2,3 mm vom Pellethalter

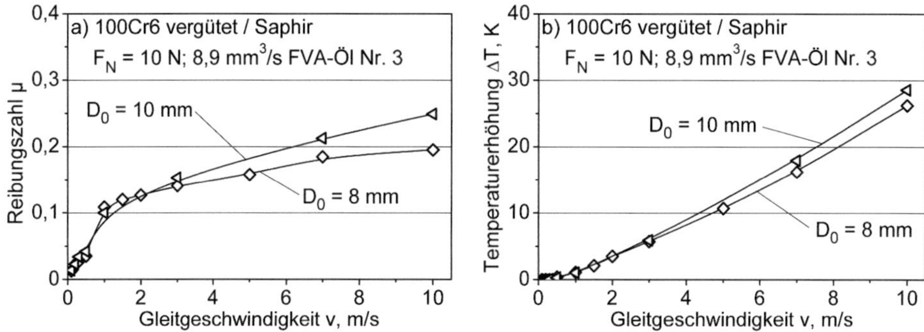

Abb. 3.12: (a) Reibungszahl- und (b) Temperaturerhöhungsverläufe einer untexturierten 100Cr6/Saphir Paarung mit unterschiedlichen Pelletdurchmessern von 8 und 10 mm und konstanter Kontaktfläche von Ø7,2 mm im UMT3-Tribometer (F_N = 10 N, 8,9 mm³/s FVA-Öl Nr. 3).

zur Scheibe wurde durch tiefer in die Pellethalterung versenkte Kegelflächen eingestellt (s. Abb. 2.9c). Die Reibungszahlen waren bis etwa 3 m/s für beide Pelletdurchmesser sehr ähnlich (Abb. 3.12a). Im weiteren Verlauf zeigte die Reibungszahl der Paarung mit 10 mm Pelletdurchmesser mit steigender Gleitgeschwindigkeit eine größere Steigung und höhere Werte als die Paarung mit Ø8 mm. Bei 10,0 m/s betrugen die Werte 0,25 bzw. 0,20. Die Kurven der Kontakterwärmung zeigten einen ähnlichen Verlauf mit leicht höheren Werten für die Paarung mit dem Pelletdurchmesser von 10 mm. Der Unterschied bei 10,0 m/s war relativ gering, nämlich 1,5 K .

Einfluss des Kontaktflächendurchmessers

In Hinblick auf die Temperaturentwicklung in der Kontaktfläche wurde unter anderem der Einfluss des Kontaktflächendurchmessers untersucht. Abb. 3.13 zeigt die Verläufe der Reibungszahl und der Kontakttemperaturerhöhung über die Gleitgeschwindigkeit bei den Normalkräften 10 und 20 N einer untexturierten, polierten 100Cr6-Stahl Selbstpaarung mit 10 mm Pelletdurchmesser. Die Reibungszahlen in Abb. 3.13a verlaufen unterhalb von 1 m/s annähernd auf gleichem Niveau. Bei höheren Gleitgeschwindigkeiten verliefen die Werte der Paarung mit der kleineren Kontaktfläche Ø6 mm unterhalb der Kurve der Paarung mit der größeren Standard-Kontaktfläche Ø7,2 mm. Bei 10 m/s betrug die Differenz der Reibungszahlen 0,03.

Bezüglich der Kontakterwärmung (Abb. 3.13b) zeigten die Kurven bis 1 m/s nahezu gleiche Werte und liefen anschließend mit unterschiedlichen Steigungen fortwährend

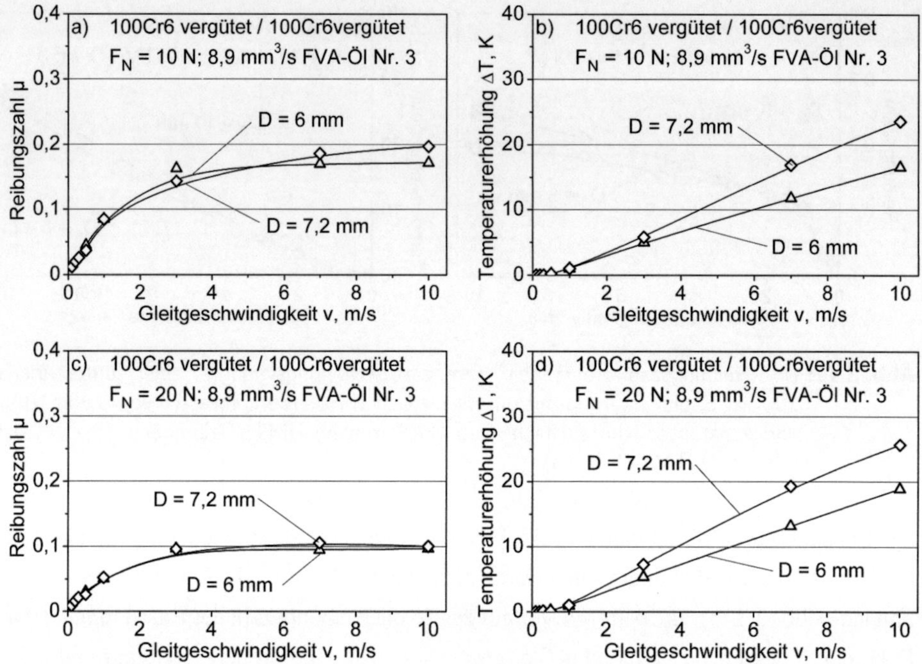

Abb. 3.13: (a, c) Reibungszahl- und (b, d) Temperaturerhöhungsverläufe einer nur polierten 100Cr6-Selbstpaarung mit unterschiedlichen Kontaktflächendurchmessern (6,0 und 7,2 mm) in der UMT3 bei einer Normalkraft F_N = 10 und 20 N mit jeweils 10 mm Pelletdurchmesser (8,9 mm³/s FVA-Öl Nr. 3).

auseinander, wobei die Paarung mit der größeren Kontaktfläche Ø7,2 mm den steileren Kurvenverlauf zeigte. Dies resultierte bei v = 10,0 m/s in einen Temperaturunterschied von etwa 7 K. Bei der Normalkraft von 20 N waren im Reibungszahlverlauf (Abb. 3.13c) keine wesentlichen Unterschiede zu erkennen. Die Graphen der Kontakttemperaturerhöhung (Abb. 3.13d) zeigten auf einem höherem Niveau die gleichen Verläufe wie bei 10 N. Bei 10,0 m/s betrug die Kontakterwärmung 19 K bei der Paarung mit der Kontaktfläche Ø6 mm und 26 K bei der Paarung mit Ø7,2 mm.

Einfluss des Spurradius

Durch Drehzahlanpassung wurde an einer 100Cr6-Selbstpaarung mit 10 mm Pellet- und 7,2 mm Kontaktflächendurchmesser durch Versuche mit unterschiedlichen Spurradien von 18 und 30 mm bei gleicher Gleitgeschwindigkeit der Einfluss auf die Reibungszahl und

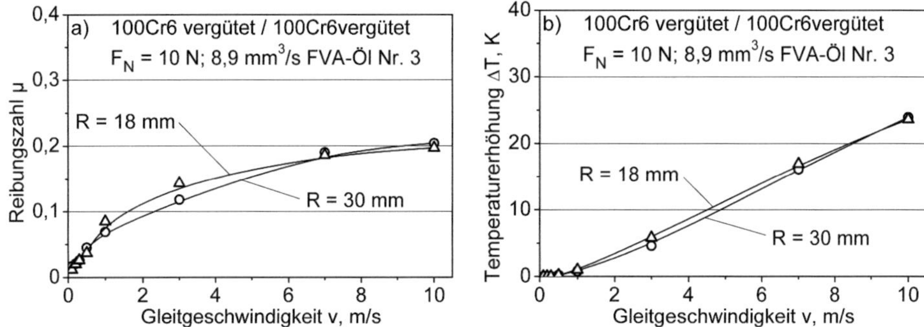

Abb. 3.14: Verläufe (a) der Reibungszahl und (b) der Kontakttemperaturerhöhung von im UMT3-Tribometer auf unterschiedlichen Spurradien R = 18 und 30 mm gefahrenen 100Cr6-Selbstpaarungen mit dem Pelletdurchmesser von 10 mm und der Kontaktfläche von Ø7,2 mm (F_N = 10 N, 8,9 mm³/s FVA-Öl Nr. 3).

die Kontakterwärmung untersucht (Abb. 3.14). Die Reibungszahlwerte lagen im gesamten Geschwindigkeitsbereich auf ähnlichem Niveau. Eine signifikante Abweichung wurde beim Messwert von 3 m/s beobachtet, bei dem die Reibungszahl der auf einem größeren Spurradius (R = 30 mm) gefahrenen Paarung deutlich niedrigere Werte zeigte (Abb. 3.14a). Aufgrund der um den Faktor 0,6 kleineren Fliehkräfte konnte sich beim Versuch mit R = 30 mm nämlich mehr Öl auf der Scheibe halten. Für beide Paarungen wurden sehr ähnliche Kontakterwärmungen gemessen mit einer leichten Tendenz zu niedrigeren Werten beim Versuch mit dem Spurradius R = 30 mm. Wie schon bei der Reibungszahl beobachtet wurde, war der Unterschied am ausgeprägtesten bei den Werten für 3 m/s. Die Kontakterwärmung von 23 K bei 10 m/s war bei beiden Paarungen gleich.

Einfluss des Ölvolumenstroms

Der zugeführte Ölvolumenstrom war für das Reibungsverhalten von entscheidender Bedeutung, wie Abb. 3.15 belegt. Dort wurden die gemessenen Reibungszahlen und Kontakttemperaturerhöhungen in Abhängigkeit von der Gleitgeschwindigkeit für Versuche mit untexturierten, polierten 100Cr6/Saphir Paarungen bei den Ölvolumenströmen von 2,0, 8,9 und 120 mm³/s aufgetragen. Sowohl die Reibungszahlen als auch die Kontakterwärmungen zeigten mit steigendem Ölvolumenstrom abnehmende Werte. Bei Gleitgeschwindigkeiten bis 0,3 m/s traten nur geringe Unterschiede in den Reibungszahlen auf (Abb. 3.15a). Von 0,3 auf 2,0 m/s wurden mit abnehmendem Ölvolumenstrom steilere Anstiege in der Reibungszahl deutlich, und oberhalb von 2,0 m/s erfolgte mit

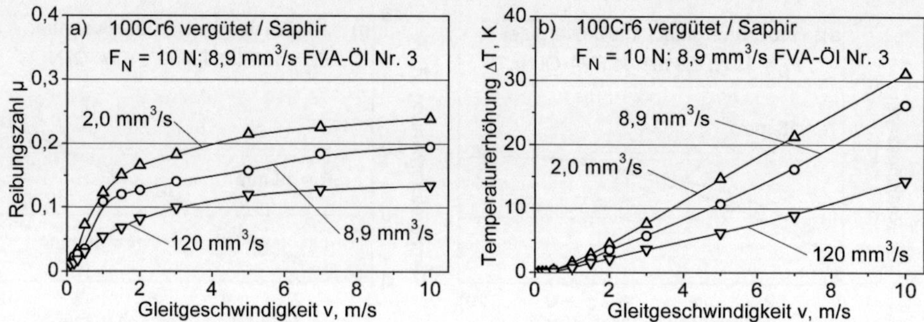

Abb. 3.15: Verläufe (a) der Reibungszahl und (b) der Temperaturerhöhung in Abhängigkeit von der Gleitgeschwindigkeit von untexturierten 100Cr6/Saphir Paarungen im UMT3-Tribometer bei einer Normalkraft F_N = 10 N und den Ölvolumenströmen 2,0, 8,9 und 120 mm³/s FVA-Öl Nr. 3.

abnehmendem Ölvolumenstrom eine vertikale Verschiebung zu höheren Werten. Die Kontakterwärmung stieg bei unterschiedlichen Ölvolumenströmen mit steigender Gleitgeschwindigkeit $v > 1$ m/s mit unterschiedlichen Steigungen an. Bei 10,0 m/s wurden mit abnehmendem Ölvolumenstrom Kontakterwärmungen von 14, 26 und 31 K festgestellt.

3.4.2 Paarungen mit kommunizierenden Texturelementen

Im Nachfolgenden werden Paarungen mit gekreuzten Kanälen texturierten Pellets untersucht. Hierbei waren die Kanäle unter $\alpha = 45\,°$ zur Gleitrichtung (Abb. 2.3e) orientiert. Die Ergebnisse im „In situ-Tribometer" und im UMT3-Tribometer werden getrennt betrachtet.

3.4.2.1 Gekreuzte Kanäle in Untersuchungen im „In situ-Tribometer"

Abb. 3.16 zeigt bei 2 und 10 N den Einfluss der Normalkraft auf die geschwindigkeitsabhängigen Verläufe der Reibungszahl und der Schmierfilmdicke einer mit 50 % gekreuzten 100 µm breiten und 10 µm tiefen Kanälen texturierten Paarung im Vergleich zur untexturierten Referenzpaarung. Bei der Normalkraft von 2 N fiel die Reibungszahl von 0,10 bei 0,02 m/s auf ein Minimum von 0,07 bei 0,10 m/s ab und stieg im weiteren Verlauf mit steigender Gleitgeschwindigkeit wieder auf einen Wert von 0,11 an (Abb. 3.16a). Damit lag die Reibungszahl durchweg oberhalb der der untexturierten Referenz, die mit steigender Gleitgeschwindigkeit kontinuierlich von 0,03 bei 0,02 m/s auf 0,09 bei 0,30 m/s

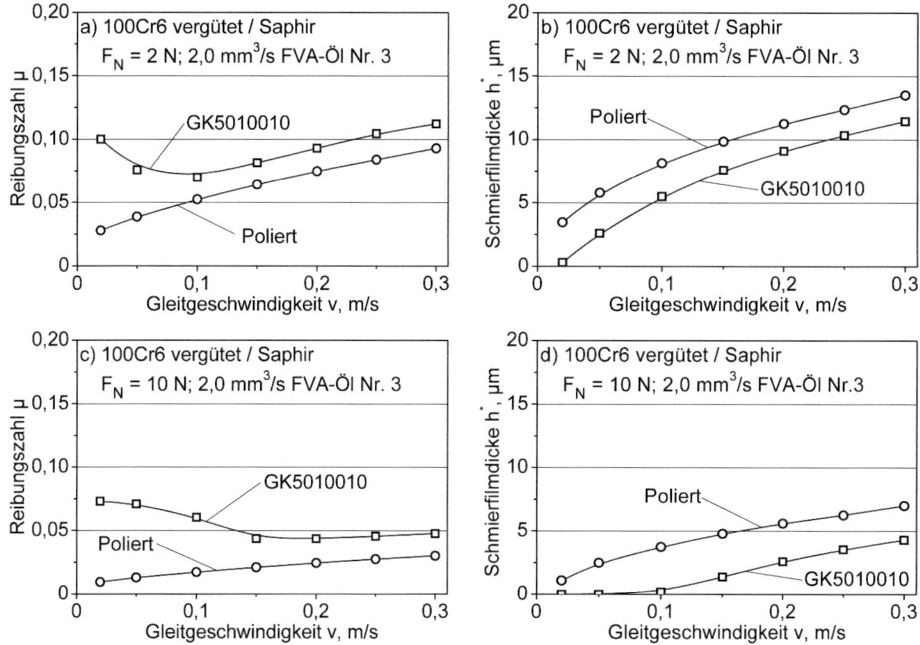

Abb. 3.16: Einfluss der Normalkraft auf die geschwindigkeitsabhängigen Verläufe der (a, c) Reibungszahl und der (b, d) Schmierfilmdicke von 100Cr6/Saphir Paarungen mit 50 % gekreuzten Kanälen (GK5010010) der Breite $w = 100$ µm und der Tiefe $d = 10$ µm texturierten Pellets (a, b) bei $F_N = 2$ N und (c, d) bei $F_N = 10$ N (2,0 mm³/s FVA-Öl Nr. 3).

anstieg und keinen Mischreibungsbereich zeigte. Eine Normalkraftsteigerung auf 10 N verursachte generell eine Senkung der Reibungszahlen, und zusätzlich verschob sich das Minimum zu einer höheren Gleitgeschwindigkeit von 0,20 m/s mit einem Wert von 0,044 (Abb. 3.16c). Der folgende Anstieg auf 0,048 bei 0,30 m/s war eher gering. Die polierte Referenz zeigte bei der Normalkraft von 10 N niedrigere Reibungszahlen als die texturierte Paarung und keinen Übergang in die Mischreibung. Die Schmierfilmdicke der texturierten Paarung stieg bei einer Normalkraft von 2 N von einem Wert unterhalb der Messgrenze von 1 µm bei 0,02 m/s auf 11,5 µm bei 0,30 m/s degressiv an (Abb. 3.16b). Die Paarung mit polierten Wirkflächen zeigte bei der gleichen Gleitgeschwindigkeit eine größere Filmdicke von 13,5 µm. Durch eine Normalkraftsteigerung auf 10 N reduzierten sich die Schmierfilmdicken deutlich, so dass bei 0,30 m/s ein Wert von 4,3 µm bzw. im polierten Fall 7,0 µm erreicht wurde. Zudem lagen die gemessenen Schmierfilmdicken bei

Gleitgeschwindigkeiten kleiner 0,05 m/s unterhalb der messtechnischen Grenze von 1 µm. Messbare Schmierfilme bildeten sich bei Gleitgeschwindigkeiten oberhalb von 0,10 m/s. Damit ging der Übergang in die Mischreibung im Reibungszahlverlauf mit sehr kleinen Schmierfilmdicken einher.

Einfluss des Flächenanteils gekreuzter Kanäle

Der texturierte Flächenanteil gekreuzter Kanäle mit der Breite $w = 100$ µm und der Tiefe $d = 10$ µm wurde bei einer Normalkraft von 10 N auf seine Auswirkungen bezüglich der Reibungszahl und der Schmierfilmdicke hin untersucht (Abb. 3.17). Generell bewirkten steigende texturierte Flächenanteile steigende Reibungszahlwerte und sinkende Schmierfilmdicken. Die Reibungszahlverläufe lagen dabei durchweg über denen der nur polierten Paarung (Abb. 3.17a) und die Schmierfilmdickenverläufe ausnahmslos niedriger als die Kurve mit untexturierten, polierten Kontaktflächen (Abb. 3.17b). Die Graphen der Reibungszahl zeigten mit steigender Gleitgeschwindigkeit zunächst zu einem Minimum hin abfallende Werte mit einem folgenden mehr oder weniger ausgeprägten leichten Anstieg. Zudem verschob sich die im Minimum vorliegende Gleitgeschwindigkeit mit steigendem Flächenanteil zu höheren Werten, so dass sich das Minimum bei einem Flächenanteil von 25 % mit einem Wert von 0,025 bei 0,10 m/s auf 0,05 bei 0,25 m/s bei einem Flächenanteil von 75 % verlagerte (Abb. 3.17a). Die Werte der Schmierfilmdicke fielen mit steigendem Flächenanteil permanent ab (Abb. 3.17b). Bei 0,30 m/s zeigten

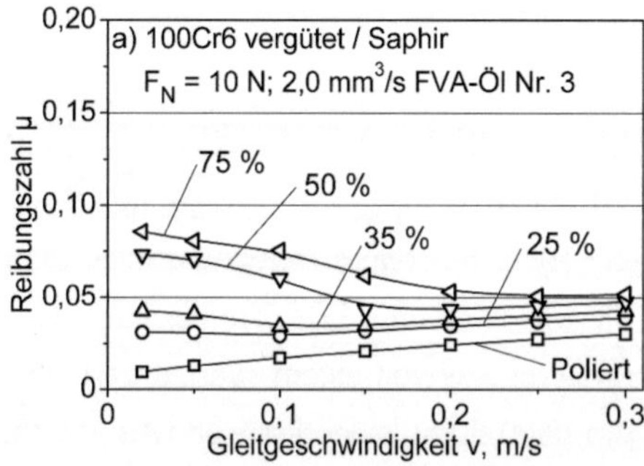

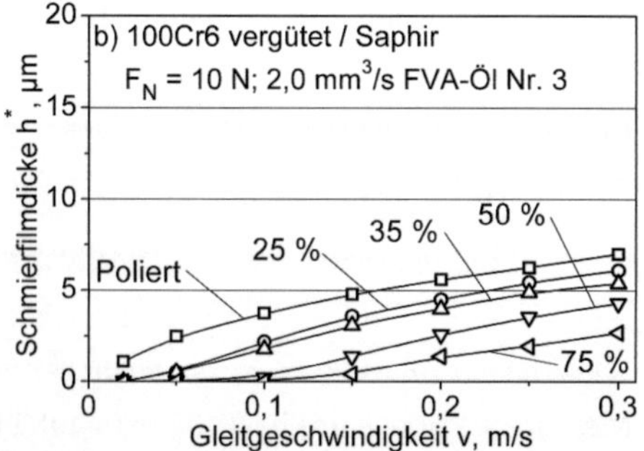

Abb. 3.17: Einfluss des texturierten Flächenanteils, 100 µm breiter und 10 µ tiefer, gekreuzter Kanäle auf die Verläufe (a) der Reibungszahl und (b) der Schmierfilmdicke im Vergleich zu nur polierten Kontaktflächen von 100Cr6/Saphir-Paarungen im „In situ-Tribometer" (a_{tex} = 25, 35, 50 und 75 %, F_N = 10 N, 2,0 mm³/s FVA-Öl Nr. 3).

Paarungen mit einem texturierten Flächenanteil von 25 % Filmdicken von 6,1 µm und jene mit einem Flächenanteil von 75 % Werte von 2,7 µm.

Die Gleitgeschwindigkeit, ab der sich ein messbarer Schmierfilm > 1 µm bildete, wurde als kritische Gleitgeschwindigkeit v_{krit} bezeichnet. Diese verschob sich mit steigendem, texturierten Flächenanteil zu höheren Gleitgeschwindigkeiten, wie beispielsweise von 0,10 m/s bei dem Anteil von 25 % gekreuzter Kanäle auf 0,25 m/s bei dem Flächenanteil von 75 %. In weiteren Untersuchungen kanalartiger Texturierungen wurde der Flächenanteil mit einem Wert von 50 % konstant gehalten.

Einfluss von Breite und Tiefe gekreuzter Kanäle

In Abb. 3.18 wurde der Einfluss der Kanalbreite w und der Kanaltiefe d bei dem Flächenanteil von 50 % und der Normalkraft von 10 N an 100Cr6/Saphir Paarungen untersucht. Paarungen mit Kanälen der Breite von 60 µm und den Tiefen von 10 und 20 µm sowie die 100 µm breiten und 10 µm tiefen Kanäle zeigten mit steigender Gleitgeschwindigkeit zu einem Minimum hin abfallende und anschließend leicht ansteigende Reibungszahlen (Abb. 3.18a, c). Darüber hinaus korrelierte der abfallende Ast mit niedrigen und der ansteigende Ast mit hohen Schmierfilmdicken (Abb. 3.18b, d). Das Minimum bei den 60 µm breiten und 10 µm tiefen Kanälen trat mit einem Wert von 0,018 bei 0,05 m/s auf. Bei den Kanälen gleicher Breite aber 20 µm Tiefe verschob sich das Minimum zu einem höheren Wert von 0,043 bei 0,20 m/s, was der Paarung mit 100 µm breiten und 10 µm tiefen Kanälen mit einem Wert von 0,044 bei 0,15 m/s sehr ähnlich war. 100 µm breite und 20 µm tiefe Kanäle sowie 300 µm breite und 20 bis 50 µm tiefe Kanäle zeigten ebenfalls ein Minimum, allerdings auf einem deutlich höheren Reibungszahlniveau mit Werten zwischen 0,05 und 0,075 (Abb. 3.18c, e). Dabei lagen die Schmierfilmdicken durchweg unterhalb der Messgrenze (Abb. 3.18d, f). Die Paarungen mit 300 µm breiten und 20 bis 50 µm tiefen Kanälen wiesen unterhalb von 0,15 m/s voneinander abweichende Reibungszahlwerte auf (Abb. 3.18e). Die Paarung mit der gleichen Kanalbreite von 300 µm, aber geringerer Kanaltiefe von 10 µm, wies mit steigender Gleitgeschwindigkeit stetig ansteigende Reibungszahlwerte bis zu 0,049 bei 0,30 m/s auf.

Ein weiterer typischer Kurvenverlauf trat bei Paarungen mit 60 bzw. 100 µm Breite und jeweils 30 bzw. 50 µm Tiefe auf. Die Reibungszahlen nahmen mit steigender Gleitgeschwindigkeit von Werten zwischen 0,064 und 0,084 nahezu linear auf Maximalwerte zwischen 0,125 und 0,150 zu (Abb. 3.18a, c). Währenddessen lag die Schmierfilmdicke durchweg auf nicht messbarem Niveau (Abb. 3.18b, d). Bei den 12 untersuchten

Texturierungen konnte bei 5 eine Schmierfilmbildung im gewählten Geschwindigkeitsbereich in messbarer Größe nachgewiesen werden, und zwar jene mit 60 und 100 µm Breite, jeweils mit 10 und 20 µm Tiefe, sowie bei den 300 µm breiten und 10 µm tiefen Kanälen (Abb. 3.18b, d, f). Die größte Schmierfilmdicke von 7,2 µm bei 0,30 m/s zeigte die

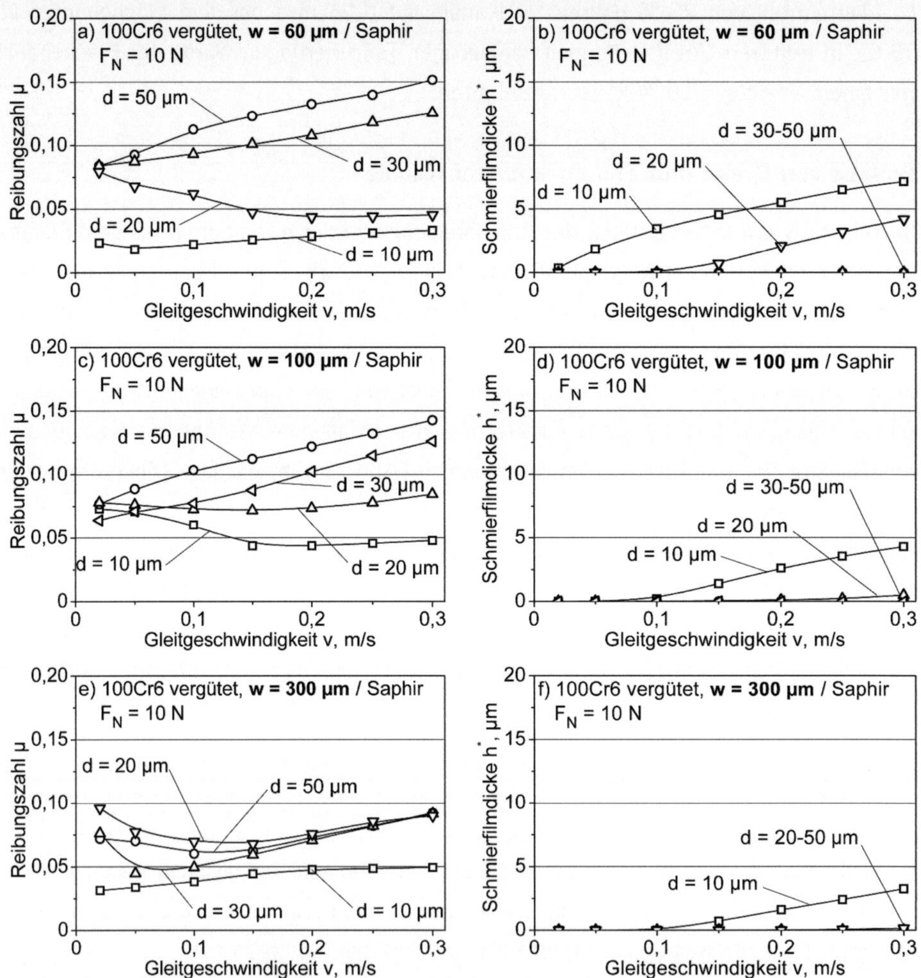

Abb. 3.18: Verläufe (a, c, e) der Reibungszahl und (b, d, f) der Schmierfilmdicke von 100Cr6/Saphir Paarungen mit 50 % gekreuzten Kanälen texturierten Pellets jeweils mit den Kanaltiefen d = 10, 20, 30 und 50 µm und den Kanalbreiten (a, b) w = 60 µm, (c, d) w = 100 µm und (e, f) w = 300 µm (F_N = 10 N, 2,0 mm³/s FVA-Öl Nr. 3).

Paarung mit 60 µm breiten und 10 µm tiefen Kanälen, die darüber hinaus keine kritische Gleitgeschwindigkeit aufwies. Die nächst niedrigere Schmierfilmdicke zeigte die Paarung mit 100 µm breiten und 10 µm tiefen Kanälen mit 4,3 µm, gefolgt von den 60 µm breiten und 20 µm tiefen bzw. den 300 µm breiten und 10 µm tiefen Kanälen mit 4,1 und 3,3 µm. Diese 3 Paarungen hatten alle die gleiche kritische Gleitgeschwindigkeit von 0,10 m/s. Bei der Paarung mit 100 µm breiten und 20 µm tiefen Kanälen texturiertem Pellet wurde bei der Gleitgeschwindigkeit von 0,30 m/s noch ein Wert von 0,5 µm gemessen, während bei den anderen 7 Texturierungen die Schmierfilmdicke im gesamten, untersuchten Geschwindigkeitsbereich deutlich unterhalb der Messgrenze von 1 µm lag.

3.4.2.2 Gekreuzte Kanäle in UMT3-Untersuchungen

Abb. 3.19 zeigt Verläufe der Reibungszahl und der Kontakttemperaturerhöhung über der Gleitgeschwindigkeit bis 10,0 m/s von unterschiedlich texturierten 100Cr6/Saphir Paarungen bei 10 N Normalkraft im UMT3-Tribometer. Hierbei wurden mit gekreuzten Kanälen texturierte Pellets mit den Kanalbreiten 60, 100 und 300 µm und den Tiefen von 10 und 50 µm mit einem Volumenstrom von 8,9 mm^3/s FVA-Öl Nr. 3 untersucht. Generell stiegen bei beiden Texturtiefen sowohl die Reibungszahl als auch die Kontakterwärmung mit abnehmender Kanalbreite an. Bei einer Kanaltiefe von 10 µm verliefen sämtliche Reibungszahlkurven mit steigender Gleitgeschwindigkeit bis 0,5 m/s zunächst mit leicht ansteigenden Werten auf einem sehr niedrigen Niveau (Abb. 3.19a). Die Paarungen mit 60 und 300 µm breiten Kanälen stiegen im weiteren Verlauf degressiv an mit Werten von 0,47 bzw. 0,20 bei 10,0 m/s. Die Reibungszahlen der Paarung mit 100 µm breiten und 10 µm tiefen Kanälen stiegen mit steigender Gleitgeschwindigkeit bis 3,0 m/s auf ein Maximum von 0,30 an und fielen bei 10,0 m/s wieder auf einen Wert von 0,28 leicht ab (Abb. 3.19a). Die Reibungszahlverläufe der Paarungen mit 50 µm tiefen Texturierungen (Abb. 3.19c) zeichneten sich mit steigender Gleitgeschwindigkeit bis etwa 1 m/s durch einen mit sinkender Kanalbreite steiler werdenden Anstieg aus. Danach durchliefen die Reibungszahlen ein Maximum bei 3,0 m/s und fielen bis 10,0 m/s wieder umso stärker ab, je schmaler die Kanäle waren. Die Werte bei 3,0 bzw. 10,0 m/s betrugen mit steigender Kanalbreite: 0,52 bzw. 0,45, 0,45 bzw. 0,40 und 0,28 bzw. 0,27. Die Kurven der Kontakterwärmung stiegen ab einer Gleitgeschwindigkeit von 1,0 m/s umso steiler an, je schmaler die Kanäle waren, so dass bei 10,0 m/s Kontakterwärmungen von 40, 30 bzw. 23 K bei Paarungen mit 60, 100 bzw. 300 µm breiten Kanälen erreicht wurden (Abb. 3.19b). Bei den mit 50 µm tiefen Kanälen texturierten Paarungen stiegen

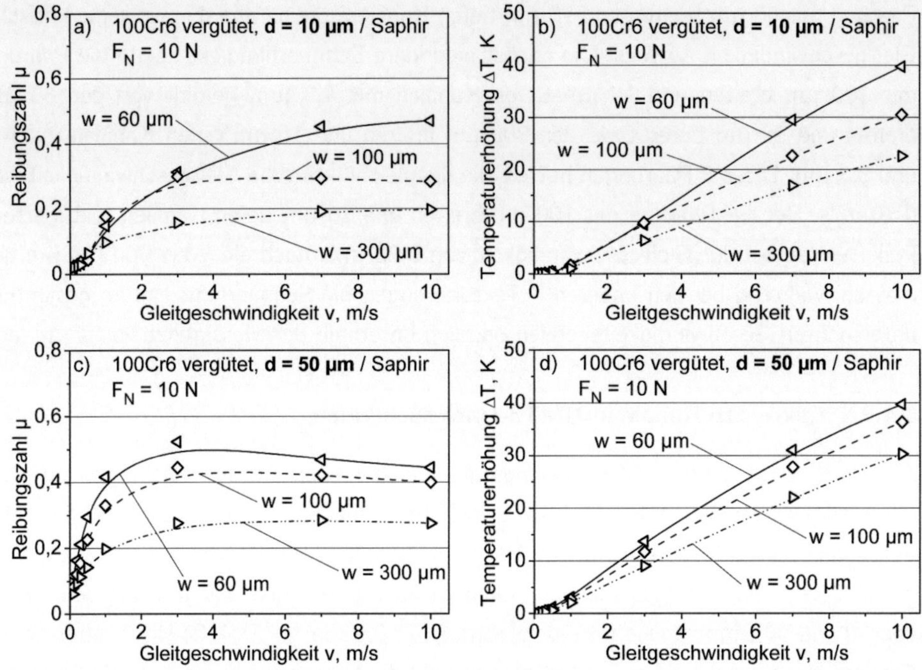

Abb. 3.19: Verläufe (a, c) der Reibungszahl und (b, d) der Kontakttemperaturerhöhung in Abhängigkeit von der Gleitgeschwindigkeit an 100Cr6/Saphir Paarungen mit 50 % gekreuzten Kanälen der Breite 60, 100 und 300 µm texturierten Pellets im UMT3-Tribometer bei einer Kanaltiefe (a, b) von 10 µm und (c, d) 50 µm (F_N = 10 N, 8,9 mm³/s FVA-Öl Nr. 3).

die Kontakterwärmungen bereits ab 0,5 m/s in gleicher Reihenfolge an (Abb. 3.19d). Bei 60 µm breiten Kanälen war nur im Geschwindigkeitsbereich unter 7 m/s ein Unterschied zu 10 µm tiefen Kanälen feststellbar. Bei den Texturierungen mit 100 und 300 µm breiten Kanälen wurde die Kontakterwärmung im gesamten Gleitgeschwindigkeitsbereich durch die Vergrößerung der Tiefe erhöht. Die Werte bei 10,0 m/s betrugen mit steigender Kanalbreite 40, 36 und 30 K.

Einfluss einer diskreten Ölzugabe

Abb. 3.20 zeigt die Auswirkung der Zugabe diskreter Mengen von FVA-Öl Nr. 3 auf den zeitlichen Verlauf der Reibungszahl und der Kontakttemperatur einer untexturierten Paarung (Abb. 3.20a) und einer mit gekreuzten Kanälen (a_{tex} = 50 %, w = 60 µm,

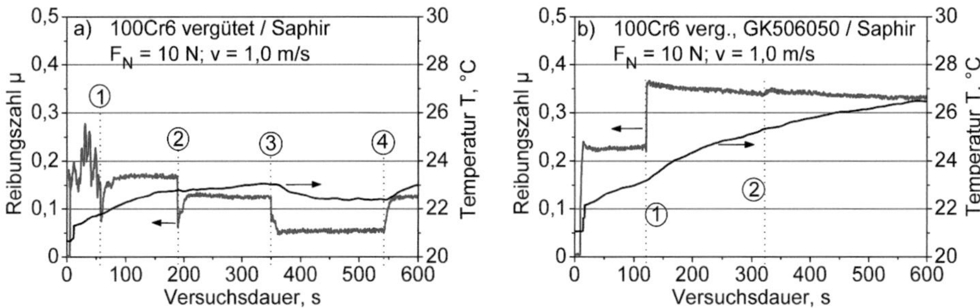

Abb. 3.20: Zeitliche Verläufe der Reibungszahl und Kontakttemperatur einer (a) untexturierten und (b) mit 50 % gekreuzten 60 µm breiten und 50 µm tiefen Kanälen texturierten 100Cr6/Saphir Paarung ausgehend von einem Versuchsstart im ungeschmierten Zustand bei Zugabe von (1) 0,1 ml, (2) weiteren 0,5 ml und bei polierter Paarung (3) Anstellen bzw. (4) Abstellen einer kontinuierlichen Ölzufuhr von 0,12 ml/s (120 mm^3/s) FVA-Öl Nr. 3 ($v = 1{,}0$ m/s, $F_N = 10$ N).

$d = 50$ µm) texturierten Paarung (Abb. 3.20b) bei einer Gleitgeschwindigkeit von 1,0 m/s und 10 N Normalkraft. Die Versuche wurden mit ungeschmierten Kontaktflächen gestartet. Bei drehender Scheibe wurden dem ungeschmieren Kontakt zum Zeitpunkt (1) 0,1 ml und bei (2) weitere 0,5 ml FVA-Öl Nr. 3 zugeführt (Abb. 3.20). Bei der untexturierten, polierten Paarung führte dies (Stelle 1, Abb. 3.20a) zunächst zu einem ruhigeren Reibungszahlverlauf auf einem noch relativ hohen Niveau von 0,16. Bei der Temperaturkurve konnte keine Veränderung im Verlauf beobachtet werden. Bei der zweiten Ölzugabe (Stelle 2, Abb. 3.20a) wurde das Reibungszahlniveau der nur polierten Paarung weiter gesenkt, und im Verlauf der Kontakttemperatur zeichnete sich ein Knick zu einer flacheren Steigung ab. Zum mit (3) markierten Zeitpunkt in Abb. 3.20a wurde eine kontinuierliche Ölzufuhr von 0,12 ml/s (120 mm^3/s) gestartet, welche die Reibungszahl auf das niedrigste Niveau des Versuchs herab setzte, nämlich 0,05. Zusätzlich konnte eine Abkühlung des Kontakts um etwa 1 K im Temperaturverlauf gemessen werden. Beim Abschalten der kontinuierlichen Ölzufuhr (Stelle 4, Abb. 3.20a), nachdem in der Zeit von (3) zu (4) dem Kontakt etwa 23,3 ml Öl zugeführt wurden, stieg sowohl die Reibungszahl als auch die Temperatur wieder auf das gleiche Niveau wie vor dem Starten der kontinuierlichen Ölzufuhr (Stelle 3, Abb. 3.20a) an.

Die texturierte Paarung reagierte auf die erste Ölzufuhr zum Zeitpunkt (1) in Abb. 3.20b mit einem deutlichen Anstieg der Reibungszahl von 0,23 auf 0,36 und einem leichten Knick zu einer größeren Steigung im Temperaturverlauf, der sich jedoch direkt wieder an die vorherige Steigung anglich. Die Reibungszahl fiel zwischen (1) und (2) leicht ab, stieg bei der nächsten Ölzugabe (Stelle 2, Abb. 3.20b) leicht an und fiel bis zum Versuchsende wieder leicht ab. Die Temperaturkurve zeigte zu Versuchsende einen leicht degressiven Verlauf. Auf kontinuierliche Ölzugabe wurde bei der Paarung mit texturiertem Pellet verzichtet, weil die Zugabe der fünffachen Menge (Stelle 2, Abb. 3.20b) den durch die erste Ölzugabe verursachten Verlauf kaum veränderte. Damit konnte festgestellt werden, dass eine Wirkflächentexturierung mit gekreuzten Kanälen die Reibungszahl im Vergleich zu nur polierten Paarungen deutlich anheben kann und die dazu notwendigen Ölmengen unter den vorliegenden Bedingungen sehr gering waren, nämlich 0,1 ml. Eine Ölzufuhr der fünffachen Ölmenge führte zu keiner signifikanten Steigerung des Reibungszahlniveaus. Außerdem schien die Energiefreisetzung durch die Ölscherung keinen messbaren Beitrag zur Temperaturerhöhung zu leisten, weil die Steigung des Temperaturverlaufs bei der ersten Ölzugabe (Stelle 1, Abb. 3.20b) nahezu konstant blieb bzw. im weiteren Verlauf eher abnahm.

Beobachtung der Pelletumströmung bis 10,0 m/s

Unter Verwendung einer Kameraeinheit konnte im UMT3-Tribometer mit Blick auf den Eintrittsbereich des Öls die Umströmung der Kontaktzone beobachtet werden. Abb. 3.21 zeigt Video-Aufnahmen zur Pelletumströmung einer mit gekreuzten Kanälen texturierten ($a_{tex} = 20$ %, $w = 100$ µm, $d = 50$ µm) 100Cr6/Saphir Paarung im UMT3-Tribometer. Die Aufnahmen zeigen das charakteristische Aussehen der sich an Pellet, Pellethalterung und Scheibe ausbildenden Öl-Luft-Grenzfläche (Abb. 3.21a). Die Rotation der Scheibe verlief in Pfeilrichtung und der Scheibenmittelpunkt befand sich am rechten Bildrand wie Abb. 3.21a schematisch darstellt. Bei der Gleitgeschwindigkeit von 0,3 m/s (Abb. 3.21b) bildeten sich an beiden Pelletseiten auf der Scheibe Ölwülste aus, wobei das zum Scheibenmittelpunkt hin angesammelte Ölvolumen offensichtlich größer war. Auf der Spur zwischen den Ölwülsten befand sich der Schmierfilm. Mit steigender Gleitgeschwindigkeit (Abb. 3.21c) wurde ein Schrumpfen des gesammelten Ölvolumens auf beiden Seiten festgestellt. Bei einer Gleitgeschwindigkeit von 3,0 m/s (Abb. 3.21d) war das gesammelte Ölvolumen auf der linken Seite komplett verschwunden. Bei weiterer Steigerung der Gleitgeschwindigkeit (Abb. 3.21e, f) konnten auf der Lauffläche keine Veränderungen hinsichtlich des gesammelten Ölvolumens beobachtet werden. Jedoch schien sich das Öl mit steigender Geschwindigkeit an der dem

Scheibenmittelpunkt zugewandten Seite des Pellethalters anzusammeln (Abb. 3.21e). Außerdem wurde mit steigender Gleitgeschwindigkeit eine Trübung des am Pellethalter gesammelten Öls beobachtet (vgl. Abb. 3.21c, d). Diese Trübung wurde von Luftbläschen hervorgerufen, die sich mit dem Öl bewegten und vermehrt bei höheren Gleitgeschwindigkeiten auftraten (Abb. 3.21e). Somit konnte festgestellt werden, dass sich mit steigender

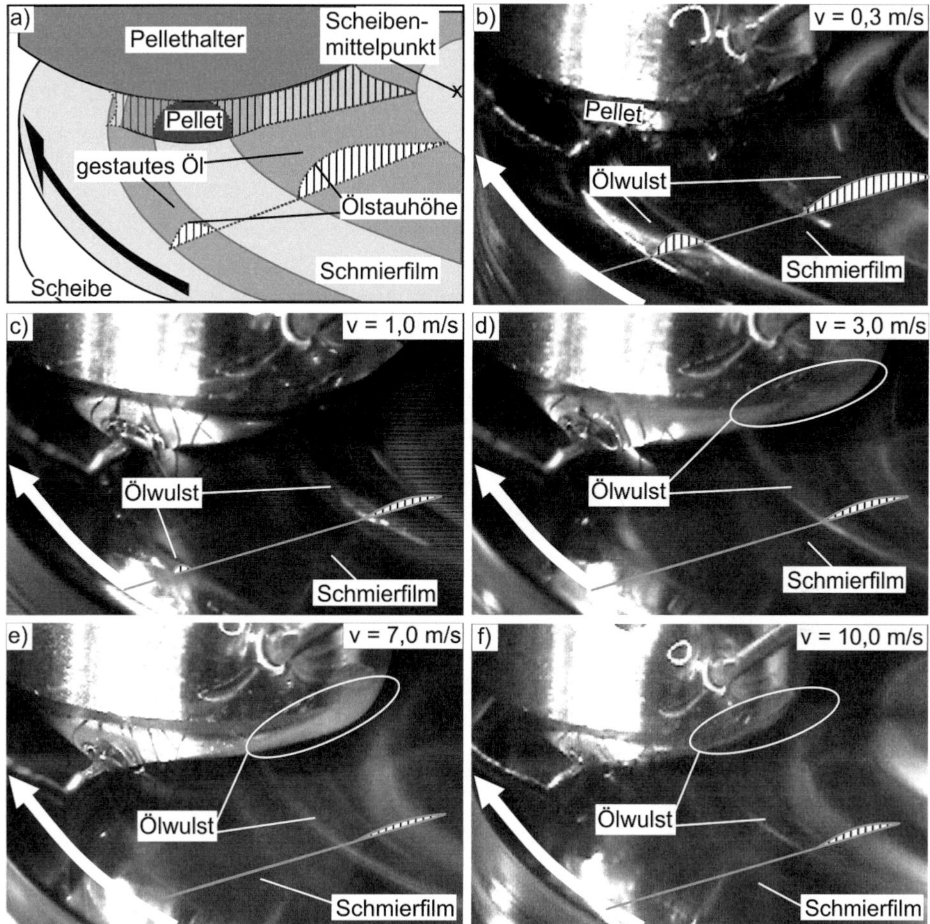

Abb. 3.21: Beobachtung der Pelletumströmung (a) in schematischer Darstellung und (b-f) in situ-Aufnahmen bei unterschiedlichen Gleitgeschwindigkeiten (b) 0,3 m/s, (c) 1,0 m/s, (d) 3,0 m/s, (e) 7,0 m/s und (f) 10,0 m/s im UMT3-Tribometer an einer mit gekreuzten Kanälen texturierten 100Cr6/Saphir Paarung jeweils im Bereich konstanter Gleitgeschwindigkeit (F_N = 10 N, 8,9 mm³/s FVA-Öl Nr. 3, a_{tex} = 20 %, w = 100 µm, d = 50 µm); Pfeil zeigt in Drehrichtung der Saphirscheibe.

Gleitgeschwindigkeit eine Änderung der Pelletumströmung vollzog. Bis 1,0 m/s sammelte sich nämlich Öl an beiden Seiten der Spur und ab 3,0 m/s bevorzugt am Pellethalter an. Zudem konnte oberhalb von 3,0 m/s keine Ölansammlung am linken Pelletrand und vermehrt Bläschen im Öl beobachtet werden.

3.4.3 Paarungen mit nicht-kommunizierenden Texturelementen

In diesem Unterkapitel werden Ergebnisse von Untersuchungen an Texturierungen mit nicht-kommunizierenden Elementen aufgeführt. Neben Messungen im „In situ-Tribometer" werden ausgewählte Messreihen, bei denen das Verhalten bei hohen Gleitgeschwindigkeiten von Interesse war, im UMT3-Tribometer dargestellt. Zu den Texturmustern mit nicht-kommunizierenden Elementen zählen die runden Näpfchen und die parallelen Kanäle.

Versuche im „In situ-Tribometer" mit runden Näpfchen

Zunächst wird in Abb. 3.22 auf den Einfluss der Normalkraft ($F_N = 2$ und 10 N) auf die Reibungszahl und die Schmierfilmdicke bei Gleitgeschwindigkeiten bis 0,30 m/s bei mit runden Näpfchen mit 100 μm Durchmesser (Abb. 2.3d) texturierten 100Cr6/Saphir Paarungen eingegangen. Sowohl die Reibungszahl als auch die Schmierfilmdicke zeigten steigende Werte mit steigender Gleitgeschwindigkeit. Darüber hinaus lagen die Kurven beider Messgrößen bei der Normalkraft $F_N = 10$ N auf einem niedrigeren Niveau als bei der Normalkraft von 2 N. Im Falle von 2 N Normalkraft stiegen die Reibungszahlen von 0,02 auf 0,30 m/s von 0,03 auf 0,09 an, im Falle von 10 N Normalkraft von 0,01 auf 0,03 (Abb. 3.22a), während die Schmierfilmdicken in diesem Geschwindigkeitsbereich von 3,8 auf 14,7 μm bzw. von 1,3 auf 7,7 μm anstiegen (Abb. 3.22b, d). Im Vergleich zur Paarung mit nur polierten Wirkflächen zeigte jene mit runden Näpfchen leicht höhere Schmierfilmdicken und Reibungszahlen. Die größere Schmierfilmdicke bei 2 N Normalkraft oberhalb von 0,20 m/s führte jedoch nicht zu einem deutlichen Effekt auf die Reibungszahl. Bei den generell niedrigeren Filmdicken bei der Normalkraft von 10 N führte der Unterschied in der Schmierfilmdicke zu einer leichten Erhöhung der Reibung.
In Abb. 3.23 sind die Reibungszahl und die Schmierfilmdicke über den Flächenanteil runder Näpfchen bzw. der Näpfchentiefe bei konstantem Näpfchendurchmesser von $w = 100$ μm bei einer Normalkraft von 10 N und einer Gleitgeschwindigkeit von 0,30 m/s aufgetragen. Der Nullpunkt auf der x-Achse entspricht jeweils dem Wert der untexturierten Referenzpaarung. Grundsätzlich konnte kein linearer Zusammenhang der Messwerte mit den

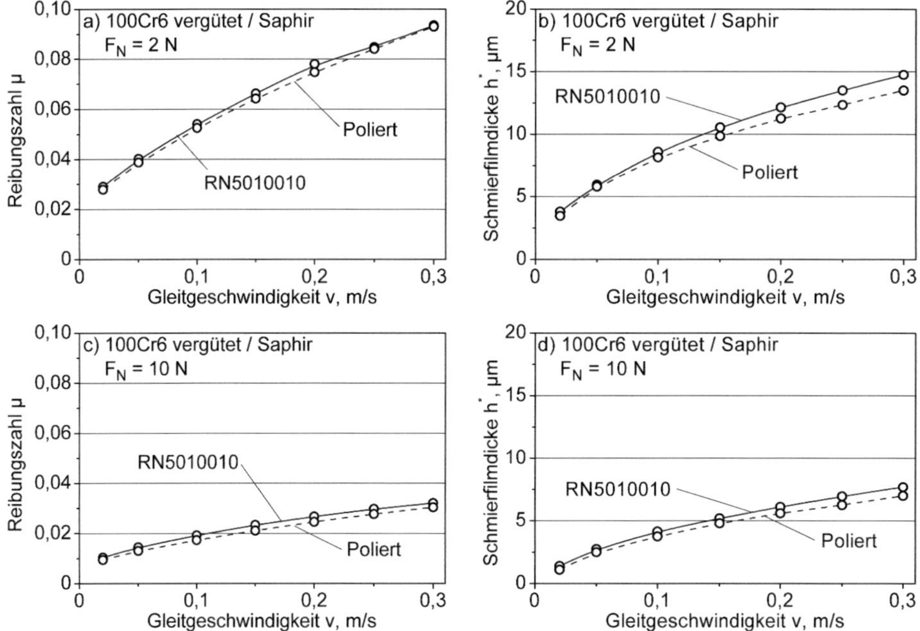

Abb. 3.22: Verläufe (a, c) der Reibungszahl und (b, d) der Schmierfilmdicke in Abhängigkeit von der Gleitgeschwindigkeit von mit runden Näpfchen texturierten 100Cr6/Saphir-Paarungen bei den Normalkräften (a, b) F_N = 2 und (c, d) 10 N im „In situ-Tribometer" (a_{tex} = 50 %, w = 100 μm, d = 10 μm, 2,0 mm^3/s FVA-Öl Nr. 3).

variierten Größen festgestellt werden. Die Reibungszahlen bei der Variation des Flächenanteils waren dem Wert der untexturierten Paarung sehr ähnlich, jedoch konnte bei einem Anteil von 35 % ein leichtes Minimum festgestellt werden (Abb. 3.23a). Bis auf ein Maximum bei dem Flächenanteil von 35 % lagen die Schmierfilmdicken sehr nahe am Wert der polierten Referenzpaarung (Abb. 3.23b). Damit stimmte das Minimum der Reibung mit dem Maximum der Schmierfilmdicke überein. Die Auswirkungen auf das Reibungs- und Schmierungsverhalten waren bei Variation der Texturtiefe größer als bei verändertem Flächenanteil (Abb. 3.23c, d). Die Reibungszahlen der Paarungen mit den Näpfchentiefen von 5 und 20 μm lagen höher als der Wert der untexturierten Referenzpaarung. Der Reibungszahlwert der Paarung mit 10 μm tiefen Näpfchen lag leicht unter diesem Referenzwert (Abb. 3.23c). Es bestand eine gute Korrelation zu den gemessenen Schmierfilmdicken (Abb. 3.23d), die sich zu den Reibungszahlen reziprok verhielten. Es wurde ein Maximum der Schmierfilmdicke bei einer Näpfchentiefe von 10 μm gemessen.

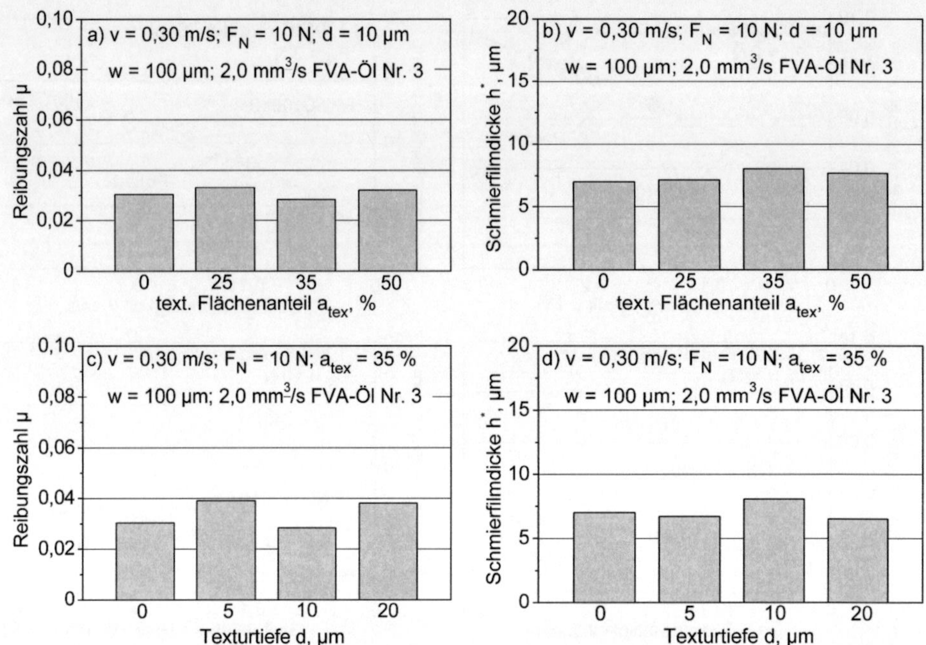

Abb. 3.23: (a, c) Reibungszahl und (b, d) Schmierfilmdicke von 100Cr6/Saphir Paarungen mit unterschiedlichen Texturierungen auf Basis runder Näpfchen mit dem Durchmesser von 100 µm und der untexturierten Referenzpaarung über (a, b) dem texturierten Flächenanteil bei 10 µm Näpfchentiefe und (c, d) der Texturtiefe bei einem Flächenanteil von 35 % ($w = 100$ µm, $F_N = 10$ N, $v = 0{,}30$ m/s, 2,0 mm³/s FVA-Öl Nr. 3).

Runde Näpfchen in UMT3-Untersuchungen

Abb. 3.24 zeigt Ergebnisse von Messungen an mit runden Näpfchen ($a_{tex} = 50$ %, $w = 100$ µm, $d = 10$ µm) texturierten Pellets im Labortribometer UMT3 bei gewählten Gleitgeschwindigkeiten bis 10,0 m/s und zwei Normalkräften 10 bzw. 20 N. Die Reibungszahlverläufe (Abb. 3.24a) konnten in zwei Bereiche eingeteilt werden, mit einem steilen, annähernd linearen Anstieg bis 1 m/s und danach einem Übergang in eine Art Sättigung mit sehr flacher Steigung. Die bei einer Normalkraft von 20 N ermittelte Reibungszahlkurve lag im gesamten Geschwindigkeitsbereich unter der Kurve der Normalkraft von $F_N = 10$ N. Bei der Gleitgeschwindigkeit von 10,0 m/s betrugen die Werte 0,12 bzw. 0,08. Die Verläufe der Kontakttemperatur (Abb. 3.24b) stiegen ab einer

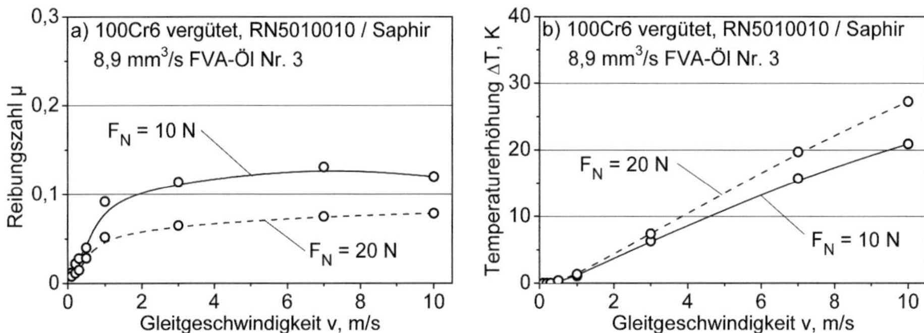

Abb. 3.24: Verläufe (a) der Reibungszahl und (b) der Kontakttemperaturerhöhung in Abhängigkeit von der Gleitgeschwindigkeit für mit runden Näpfchen (a_{tex} = 50 %, w = 100 μm, d = 10 μm) texturierte 100Cr6/Saphir Paarungen bei den Normalkräften 2 und 10 N bei 8,9 mm³/s FVA-Öl Nr. 3 im UMT3-Tribometer.

Gleitgeschwindigkeit von 1,0 m/s an mit größeren Steigungswerten bei der höheren Normalkraft von 20 N. Erwärmungen von 21 bzw. 27 K wurden bei 10,0 m/s für 10 bzw. 20 N gemessen.

Parallele Kanäle

Als weiteres Muster mit nicht-kommunizierenden Elementen wurden parallele Kanäle als Wirkflächentexturierung gewählt und zunächst auf ihre Wirkung bei Variation der Normalkraft im „In situ-Tribometer" untersucht. Abb. 3.25 zeigt die Verläufe der Reibungszahl und der Schmierfilmdicke bei den Normalkräften von 2 N und 10 N für 100Cr6/Saphir Paarungen mit parallelen Kanälen (a_{tex} = 50 %, w = 100 μm, d = 10 μm) texturierten Pellets im Vergleich zur untexturierten Paarung. Die parallelen Kanäle wiesen einen Orientierungswinkel α = 0 ° auf, d.h. sie waren parallel zur Gleitrichtung orientiert. Der Reibungszahlverlauf bei 2 N (Abb. 3.25a) zeigte mit steigender Gleitgeschwindigkeit zunächst abfallende Werte, die bei 0,05 m/s ein Minimum mit dem Wert 0,05 durchliefen und im weiteren Verlauf einen näherungsweise linearen Anstieg auf Werte von 0,10 bei 0,30 m/s. Die dazu gehörende Schmierfilmdicke (Abb. 3.25b) stieg von einem Wert von 1,0 μm bei 0,02 m/s stetig auf 11,4 μm bei 0,30 m/s an. Bei der fünffachen Normalkraft fielen die Reibungszahlen mit steigender Gleitgeschwindigkeit zunächst auf 0,029 bei 0,20 m/s ab und stiegen im weiteren Verlauf wieder leicht auf 0,033 bei 0,30 m/s an (Abb. 3.25c). Die Schmierfilmdicke (Abb. 3.25d) lag bis zu 0,10 m/s deutlich unterhalb der Messgrenze von 1 μm und stieg linear auf einen Wert von 4,9 μm bei 0,30 m/s an.

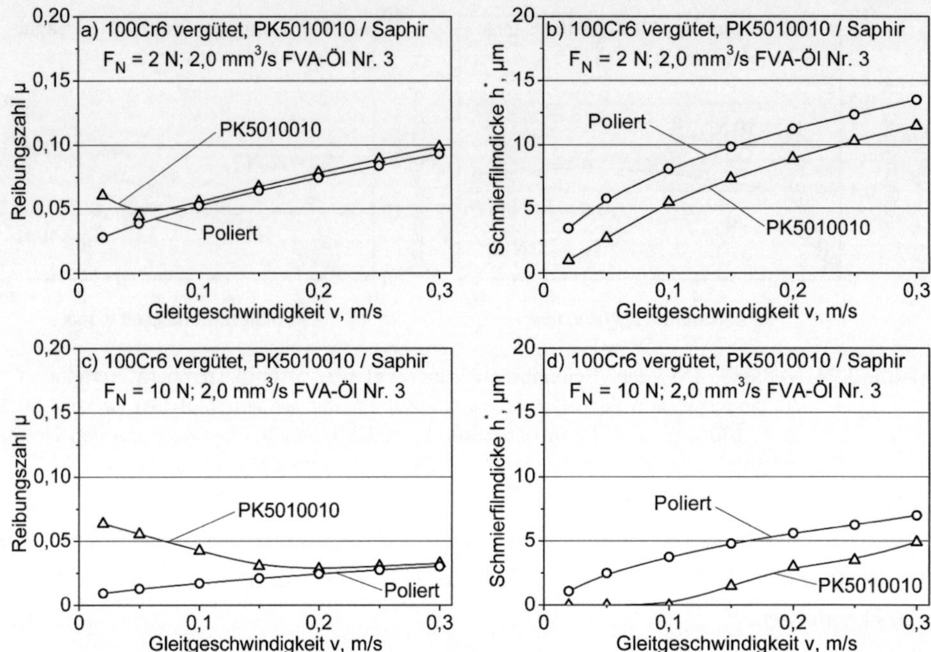

Abb. 3.25: Verläufe (a, c) der Reibungszahl und (b, d) der Schmierfilmdicke einer 100Cr6/Saphir
Paarung mit parallelen Kanälen (a_{tex} = 50 %, w = 100 µm, d = 10 µm) texturierten
Pellets unter 0 ° Orientierung zur Gleitgeschwindigkeit bei der Normalkraft (a, b) von
2 N und (c, d) von 10 N (2,0 mm^3/s FVA-Öl Nr. 3).

Parallele Kanäle mit unterschiedlicher Orientierung zur Gleitrichtung

Zur Untersuchung des Einflusses der Orientierung paralleler Kanäle zur Gleitrichtung wurden Orientierungswinkel von α = 0, 45, 90 und 135 ° gewählt. Abb. 3.26 zeigt Verläufe
der Reibungszahl und der Schmierfilmdicke in Abhängigkeit von der Gleitgeschwindigkeit dieser Paarungen bei der Normalkraft von 5 N. Die Paarungen unter 45 und 90 °
Orientierung zeigten sehr ähnliche Reibungszahlen (Abb. 3.26a) und Schmierfilmdicken
(Abb. 3.26b), wobei mit steigender Gleitgeschwindigkeit ausschließlich steigende Werte registriert wurden. Die Messwerte stiegen von 0,03 bzw. 1,1 µm bei 0,02 m/s auf
0,05 bzw. 10,0 µm bei 0,30 m/s an. Die Paarungen mit 0 und 135 ° orientierten Kanälen
zeigten mit steigender Gleitgeschwindigkeit bis etwa 0,05 m/s zunächst abnehmende und
danach wieder ansteigende Reibungszahlen (Abb. 3.26a). Zudem lagen deren Reibungszahlwerte über denen der Paarung mit 45 und 90 ° orientierten Kanälen. Das höchste

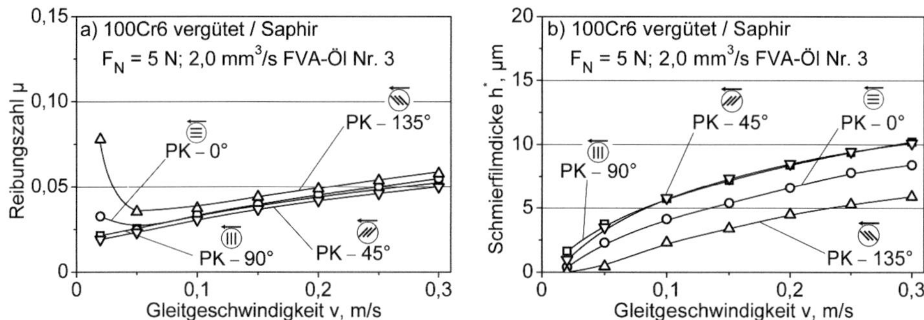

Abb. 3.26: Verläufe (a) der Reibungszahl und (b) der Schmierfilmdicke über der Gleitgeschwindigkeit von 100Cr6/Saphir Paarungen mit parallelen Kanälen ($a_{tex} = 50\,\%$, $w = 100\,\mu$m, $d = 10\,\mu$m) texturierten Pellets unter $\alpha = 0$, 45, 90 und 135 ° Orientierung zur Gleitrichtung aus Versuchen im „In situ-Tribometer" ($F_N = 5$ N; 2,0 mm^3/s FVA-Öl Nr. 3).

Reibungszahlniveau zeigte die Paarung mit den 135 ° orientierten Kanälen mit Werten von 0,06 bei 0,30 m/s. Bezüglich der Schmierfilmdicke lagen die Werte der Paarungen mit 0 und 135 ° Kanalorientierung deutlich unterhalb denen der beiden anderen Paarungen (45 bzw. 90 ° Orientierung). Die niedrigsten Schmierfilmdicken wurden bei der Paarung mit 135 ° Orientierung gemessen, nämlich 0 µm bei 0,02 m/s bzw. 5,5 µm bei 0,30 m/s (Abb. 3.26b). Generell verhielt sich die Reibungszahl umgekehrt proportional zur Schmierfilmdicke.

Tiefen- und Breitenvariation paralleler Kanäle

In Abb. 3.27 wurden die Reibungszahl- und Schmierfilmdickenverläufe über die Gleitgeschwindigkeit mit Variation der Kanalbreite w und Kanaltiefe d bei 10 N Normalkraft zusammengestellt. Die Kanäle wiesen eine Orientierung von 0 ° zur Gleitrichtung auf. Die Teilbilder sind so angeordnet, dass sich von Zeile zu Zeile die Kanalbreite von 60 µm (Abb. 3.27a, b) über 100 µm (Abb. 3.27c, d) auf 300 µm (Abb. 3.27e, f) vergrößert und in den Diagrammen jeweils die Tiefen 10, 20, 30 und 50 µm abgebildet sind. Generell konnten mit steigender Kanaltiefe steigende Reibungszahlen und sinkende Schmierfilmdicken festgestellt werden (Abb. 3.27), wobei die einzelnen Kurvenverläufe jedoch sehr unterschiedlich waren. Alle Paarungen mit 10 µm Kanaltiefe (Abb. 3.27a, c, e) sowie die Paarung mit 20 µm tiefen und 100 µm breiten Kanälen (Abb. 3.27c) zeigten mit steigender Gleitgeschwindigkeit zunächst auf ein Minimum abfallende und danach wieder ansteigende Reibungszahlen. Dabei zeigten die Paarungen mit 10 μm tiefen und 60 μm breiten Kanälen bei 0,05 m/s ein Minimum mit dem geringsten Reibungszahlwert von 0,01 (Abb. 3.27a). Paarungen mit Kanälen gleicher Tiefe, aber 100 bzw. 300 μm

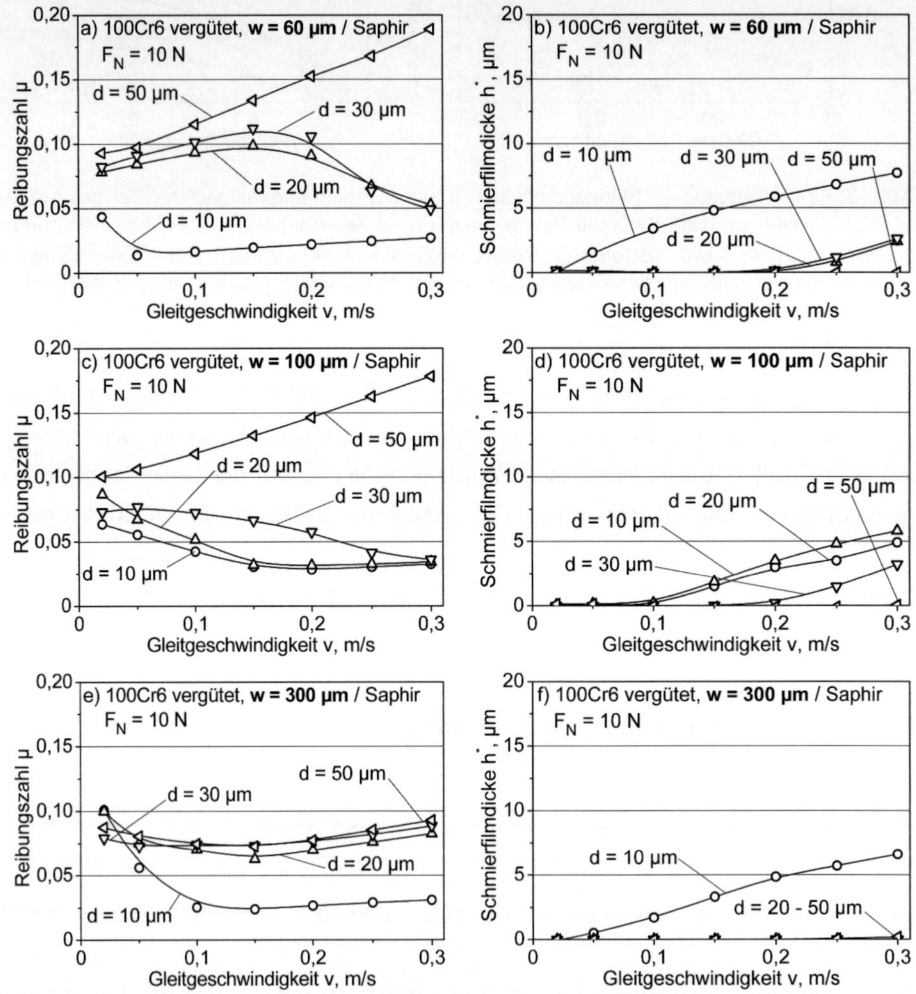

Abb. 3.27: Verläufe (a, c, e) der Reibungszahl und (b, d, f) der Schmierfilmdicke über die Gleitgeschwindigkeit mit 100Cr6/Saphir Paarungen mit 0 ° zur Gleitrichtung orientierten parallelen Kanälen texturierten Pellets mit dem Flächenanteil von 50 %, jeweils den Tiefen d = 10, 20, 30 und 50 μm und den Breiten (a, b) w = 60 μm, (c, d) w = 100 μm und (e, f) w = 300 μm aus Versuchen im „In situ-Tribometer" (F_N = 10 N, 2,0 mm³/s FVA-Öl Nr. 3).

Breite zeigten ein Minimum bei 0,20 bzw. 0,15 m/s mit Werten von 0,03 bzw. 0,025 (Abb. 3.27c, e). Das Tribopaar mit 100 µm breiten und 20 µm tiefen Kanälen zeigte ähnliche Werte wie die Paarung mit Kanälen der gleichen Breite und 10 µm Tiefe.

Mit steigender Gleitgeschwindigkeit zunächst auf ein Maximum ansteigende und danach wieder abfallende Reibungszahlen zeigten die Paarungen mit 60 µm breiten und 20 und 30 µm tiefen sowie, etwas weniger ausgeprägt, die Paarung mit 100 µm breiten und 30 µm tiefen Kanälen. Die beiden Paarungen mit 60 µm breiten und 20 und 30 µm tiefen Kanälen zeigten bei 0,15 m/s ein Maximum von etwa 0,10. Bei der Paarung mit 100 µm breiten und 30 µm tiefen Kanälen lag das Maximum mit einem Wert von 0,08 bei 0,05 m/s. Zur Gleitgeschwindigkeit von 0,30 m/s fielen die Reibungszahlen dieser Paarungen auf Werte zwischen 0,04 und 0,05 ab (Abb. 3.27a, c). Paarungen mit 50 µm tiefen und 60 bzw. 100 µm breiten Kanälen zeigten Reibungszahlwerte von etwa 0,10 bei 0,02 m/s, welche mit steigender Gleitgeschwindigkeit linear auf 0,19 bzw. 0,18 anstiegen (Abb. 3.27a, c). Paarungen mit 300 µm breiten und 20-50 µm tiefen Kanälen zeigten sehr ähnliche Reibungszahlverläufe mit einem wenig ausgeprägtem Minimum bei 0,15 m/s mit Werten von 0,07 bis 0,08 (Abb. 3.27e).

Während Paarungen mit 60 und 300 µm breiten und 10 µm tiefen Kanälen bei Gleitgeschwindigkeiten oberhalb von 0,05 m/s bereits messbare Schmierfilme bildeten (Abb. 3.27b, f), trat dies bei Paarungen mit Kanälen von 100 µm Breite und 20 µm Tiefe erst ab 0,10 m/s auf (Abb. 3.27d). Bei mit 60 µm breiten und 20 - 30 µm tiefen Kanälen texturierten Paarungen wurden erst oberhalb von 0,20 m/s messbare Schmierfilmdicken registriert (Abb. 3.27b). Die Schmierfilmdicken der Paarungen mit 60 und 100 µm breiten und 50 µm tiefen Kanälen sowie mit 300 µm breiten und 20 - 50 µm tiefen Kanälen (Abb. 3.27f) waren im gesamten Gleitgeschwindigkeitsbereich deutlich unterhalb der Messgrenze von 1 µm.

Die Paarungen mit 10 µm tiefen und 60 µm breiten Kanälen zeigten die größten Schmierfilmdicken mit 7,5 µm bei 0,30 m/s. Die nächst niedrigeren Schmierfilmdicken wurden an Paarungen mit 300 bzw. 100 µm breiten Kanälen gleicher Tiefe gemessen, nämlich 6,6 bzw. 5,9 µm (Abb. 3.27d, f). Mit der Beschränkung auf Werte bei 0,30 m/s wurden mit steigender Kanaltiefe steigende Reibungszahlen und sinkende Schmierfilmdicken beobachtet. Mit steigender Kanalbreite nahm die Schmierfilmdicke, außer bei 10 µm tiefen Kanälen, und die Abhängigkeit der Reibungszahl von der Gleitgeschwindigkeit ab.

Divergente und konvergente Kanäle

Im folgenden Abschnitt werden 100Cr6/Saphir Paarungen mit konvergenten bzw. divergenten Kanälen unter 0 ° Orientierung zur Gleitrichtung untersucht (Abb. 2.3c). Im Vergleich zu parallelen Kanälen zeichnen sich diese durch unterschiedliche Kanalbreiten an der Ein- und Austrittseite des Öls aus, nämlich 300 und 60 µm bei den konvergenten bzw. umgekehrt bei den divergenten Kanälen (Abb. 2.3c). Dadurch wurden, analog zur Strömungstheorie makroskopischer Kanäle, Druck erzeugende (Düsen) bzw. Unterdruck erzeugende (Diffusor) Elemente auf der Wirkfläche erzeugt. Abb. 3.28 zeigt Verläufe der Reibungszahl und der Schmierfilmdicke von Paarungen mit diesen Texturierungen unter Variation der Kanaltiefe von 10, 20, 30 und 50 µm und der untexturierten Referenzpaarung. Die Reibungszahlen der Paarungen mit 10 bzw. 20 µm tiefen, konvergenten Kanälen fielen mit steigender Gleitgeschwindigkeit von relativ hohen Werten von 0,05 bzw. 0,08 bei 0,02 m/s auf Werte von 0,02 bei 0,15 m/s ab und zeigten im Weiteren ähnliche, leicht ansteigende Werte (Abb. 3.28a). Ab 0,15 m/s lagen die Reibungszahlen der beiden Paarungen deutlich unterhalb der Werte der untexturierten Referenzpaarung. Die Paarung mit 30 µm tiefen konvergenten Kanälen zeigte einen ähnlichen Reibungszahlverlauf wie die vorher genannten Paarungen auf einem etwas höheren Niveau mit einem Minimum von 0,03 bei 0,30 m/s. Die Paarung mit den 50 µm tiefen, konvergenten Kanälen wich mit einem nahezu geschwindigkeitsunabhängigen, horizontalen Reibungszahlverlauf bei einem Wert von 0,05 deutlich von den Anderen dieser Textur ab (Abb. 3.28a).

Die Schmierfilmdicken von Paarungen mit konvergenten Kanälen nahmen mit steigender Kanaltiefe ab. Paarungen mit 10 und 20 µm tiefen Kanälen zeigten deutlich höhere Schmierfilmdicken als die nur polierte Referenzpaarung, nämlich 10,8 bzw. 9,6 µm bei 0,30 m/s im Vergleich zu 7,1 µm im untexturierten Fall. Bei Texturierung des Pellets mit 50 µm tiefen, konvergenten Kanälen konnte im gewählten Geschwindigkeitsbereich kein Schmierfilm gemessen werden.

Gegenüber der untexturierten Referenzpaarung deutlich höhere Reibungszahlen zeigten Paarungen mit divergenten Kanälen texturierten Pellets. Mit steigender Gleitgeschwindigkeit leicht ansteigenden Werten zwischen 0,09 und 0,10 zeigte die Paarung mit divergenten, 10 µm tiefen Kanälen eine geringe Abhängigkeit von der Gleitgeschwindigkeit (Abb. 3.28c). Die Reibungszahlen der Paarung mit 20 µm tiefen, divergenten Kanälen waren denen der flacheren Textur mit 10 µm Tiefe sehr ähnlich bis auf etwas niedrigere Werte bei mittleren Gleitgeschwindigkeiten von 0,10 - 0,20 m/s. Der Reibungszahlverlauf des Tribopaars mit 30 µm tiefen, divergenten Kanälen zeigte mit steigender

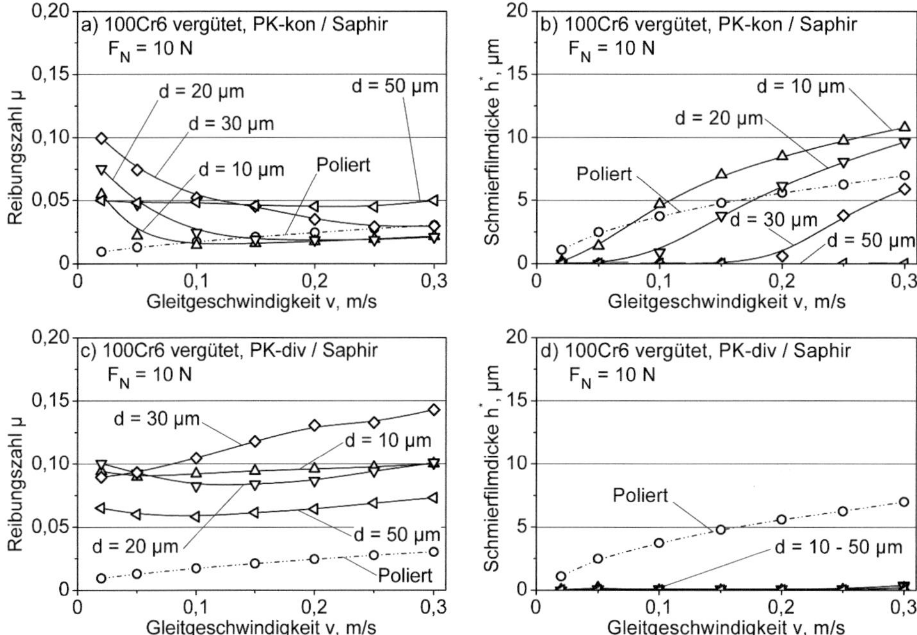

Abb. 3.28: Geschwindigkeitsabhängige Verläufe (a, c) der Reibungszahl und der (b, d) Schmierfilmdicke von 100Cr6/Saphir Paarungen mit (a, b) konvergenten und (c, d) divergenten, parallelen Kanälen (s. Abb. 2.3c) unterschiedlicher Kanaltiefen d = 10, 20, 30 und 50 µm (F_N = 10 N, 2,0 mm³/s FVA-Öl Nr. 3).

Gleitgeschwindigkeit nahezu linear ansteigende Reibungszahlwerte und zudem mit 0,15 bei 0,30 m/s die höchsten Werte der getesteten Paarungen. Die Reibungszahlen der Paarung mit den tiefsten (50 µm), divergenten Kanälen verlief bis 0,10 m/s leicht abfallend und im Weiteren mit steigender Gleitgeschwindigkeit leicht ansteigend. Die Reibungszahlwerte dieser Paarung lagen zwischen 0,06 und 0,07. Bei sämtlichen Paarungen mit divergenten Kanälen texturierten Pellets herrschten keine messbaren Schmierfilme vor. Wegen der Diffusorwirkung wurde speziell von den divergenten Kanälen eine Erhöhung der Abhebekraft (Abb. 2.8) erwartet. Aus diesem Grund fanden bei ausgewählten Paarungen Messungen der Abhebekraft in Abhängigkeit von der Gleitgeschwindigkeit statt, die in Abb. 3.29 zusammen mit den dazugehörenden Reibungszahl- und Schmierfilmdickenverläufen gezeigt werden. Die Reibungszahlen der beiden Paarungen (Abb. 3.29a)

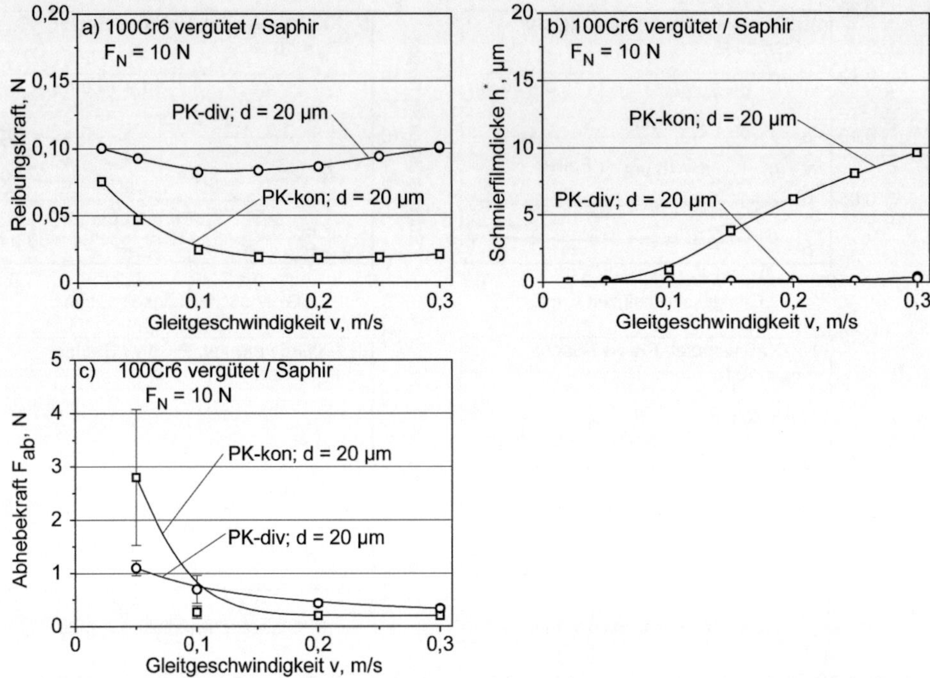

Abb. 3.29: Verläufe (a) der Reibungszahl und (b) der Schmierfilmdicke von 100Cr6/Saphir Paarungen mit 20 µm tiefen, konvergenten und divergenten Kanälen sowie (c) geschwindigkeitsabhängige Messungen der Abhebekraft F_{ab} dieser Paarungen ($F_N = 10$ N, 2,0 mm³/s FVA-Öl Nr. 3).

verliefen auf deutlich unterschiedlichen Niveaus, bei 0,30 m/s nämlich 0,10 bei der Paarung mit divergenten Kanälen texturiertem Pellet (divergent, Abb. 3.29a) und 0,03 bei der Paarung mit konvergenten Kanälen texturiertem Pellet (konvergent, Abb. 3.29a). Die gemessenen Abhebekräfte fielen bei beiden Paarungen mit steigender Gleitgeschwindigkeit ab. Bei einer Gleitgeschwindigkeit von 0,05 m/s betrugen die Abhebekräfte etwa 3 N bei der Paarung mit konvergenten Kanälen und 1 N bei der Paarung mit divergenten Kanälen. Wegen der Bildung eines messbaren Schmierfilms oberhalb von 0,10 m/s fielen die Abhebekräfte der Paarung mit konvergenten Kanälen auf 0,3 N ab und verliefen im Weiteren unterhalb der Werte der Paarung mit divergenten Kanälen. Diese wies nicht messbar niedrige Filmdicken auf. Mit Gl. 2.3 ergaben sich mit $\sigma_l \approx 0,02$ N/m, den Benetzungswinkeln von Saphir (20 °) und Stahl (11 °), den Schmierfilmdicken aus Abb. 3.29b (PK-kon: 9,7 µm bzw. PK-div: 1,0 µm) sowie dem Faktor 0,5 zur

Berücksichtigung des texturierten Flächenanteils von 50 %, Laplacekräfte von 0,1 bzw. 0,7 N. Diese Werte korrelieren gut mit den gemessenen Abhebekräften. Die Abhebekraft könnte im tribologischen Kontakt wie eine zusätzliche Normalkraft wirken und damit eine Erhöhung der Reibungszahl verursachen. Es bestand jedoch keine Korrelation zu den Verläufen der Reibungszahl, und darüber hinaus war der Unterschied der Abhebekräfte der beiden Texturierungen gering im Vergleich zu den bewirkten Unterschieden bei den Reibungszahlen. Dadurch konnte einerseits eine Erhöhung der Abhebekraft durch das Einbringen von Unterdruck erzeugenden Texturelementen sowie andererseits die Abhebekraft als Ursache für die mit steigender Gleitgeschwindigkeit ansteigenden Reibungszahlen bei nicht messbaren Schmierfilmdicken ausgeschlossen werden.

3.4.4 Einfluss der Materialpaarung

Im folgenden Kapitel werden ausgewählte Ergebnisse von Selbst- und Fremdpaarungen der Werkstoffe Saphir, SSiC und 100Cr6 im Labortribometer UMT3 dargelegt. Dabei wurde die gewählte Materialpaarung mit nur polierten Kontaktflächen oder mit gekreuzten Kanälen texturierten Pellets ($a_{tex} = 50$ %, $w = 100$ µm, $d = 10$ µm) tribologisch charakterisiert.

Selbstpaarungen

Abb. 3.30 zeigt die Verläufe der Reibungszahl und der Kontakttemperaturerhöhung in Abhängigkeit von der Gleitgeschwindigkeit der Selbstpaarungen mit nur polierten und texturierten Pelletkontaktflächen. Die nur polierten Paarungen wiesen mit ansteigender Gleitgeschwindigkeit stetig steigende Reibungszahlen mit ähnlichen Werten auf, beispielsweise 0,20 bei der Stahl- und Saphir-Selbstpaarung und 0,24 bei der SSiC-Selbstpaarung jeweils bei 10,0 m/s (Poliert, Abb. 3.30a, d, g). Bezüglich der Kontakterwärmung zeigten die untexturierten Stahl- und Saphir-Paarungen ähnliche Werte von 23 K bei 10,0 m/s (Abb. 3.30c, f). Die Kontakttemperaturerhöhung der nur polierten SSiC-Paarung lag mit 28 K bei 10,0 m/s deutlich oberhalb der beiden anderen (Abb. 3.30i).

Die Stahl/Stahl und SSiC/SSiC Paarungen mit texturierten Pelletkontaktflächen zeigten mit steigender Gleitgeschwindigkeit rasch ansteigende Reibungszahlen bis zu einem Maximum von 0,46 bzw. 0,35 bei 3,0 m/s und einem anschließenden Abfall auf 0,40 bzw. 0,32 bei 10,0 m/s (GK5010010, Abb. 3.30a, e). Bei diesen Paarungen waren die Reibungszahlwerte bei 0,5 m/s bzw. 0,3 und 0,5 m/s auffallend, weil sie von einem gedachten,

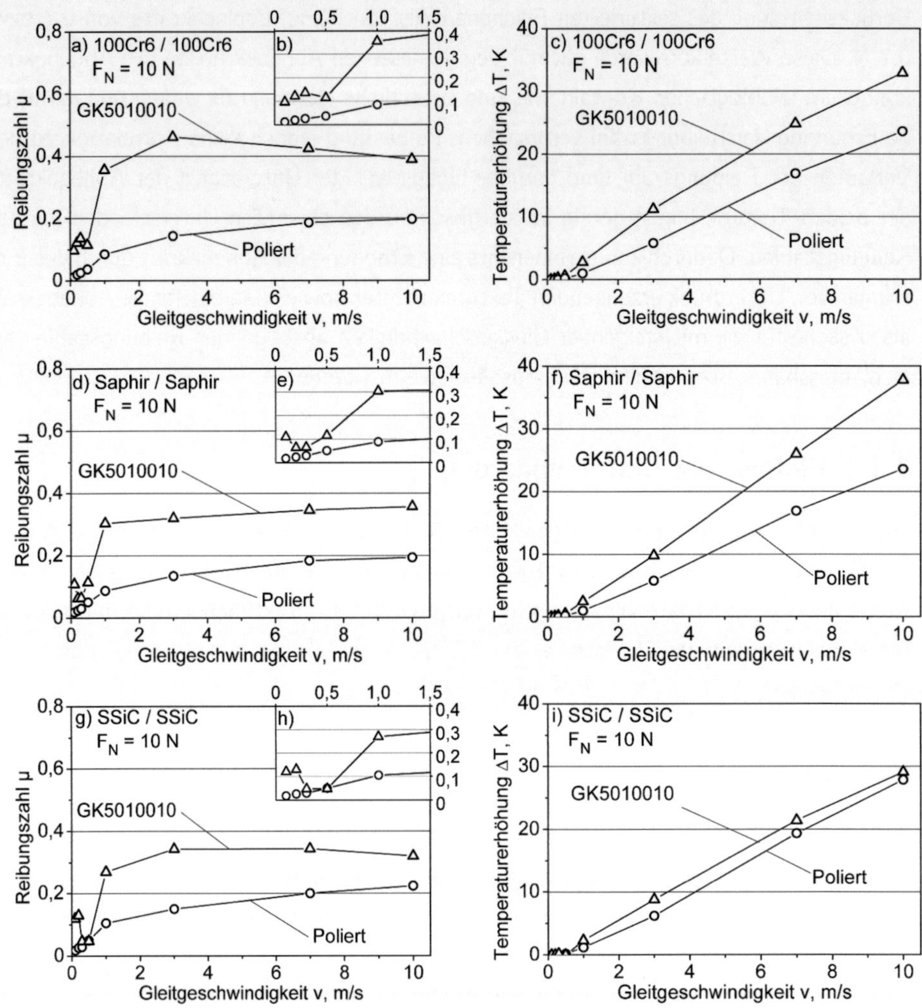

Abb. 3.30: Einfluss der Paarung auf die Verläufe (a-b, d-e, g-h) der Reibungszahl und (c, f, i)
der Kontakttemperaturerhöhung dreier Selbstpaarungen (a-c) 100Cr6/100Cr6, (d-f)
Saphir/Saphir und (g-i) SSiC/SSiC jeweils mit untexturierten, nur polierten Kontaktflächen und mit gekreuzten Kanälen (GK5010010) texturierter Pelletkontaktfläche
(a_{tex} = 50 %, w = 100 µm, d = 10 µm, F_N = 10 N, 8,9 mm^3/s FVA-Öl Nr. 3).

interpolierenden Verlauf zwischen 0,1 und 1,0 m/s, zu deutlich niedrigeren Werten hin
verschoben waren (Abb. 3.30b, h). Die Reibungszahlen der texturierten Saphir-Selbstpaarung fielen mit steigender Gleitgeschwindigkeit zunächst auf ein Minimum

von 0,06 bei 0,3 m/s ab (Abb. 3.30e). Danach stiegen sie auf Werte von 0,30 bis 1,0 m/s steil an und im weiteren Verlauf nur noch leicht auf einen Wert von 0,35 bei 10,0 m/s (GK5010010, Abb. 3.30d). Die texturierte Saphir-Selbstpaarung zeigte bei 10,0 m/s die höchste Kontakterwärmung von 38 K (Abb. 3.30f). Mit nächst niedrigeren Werten von 33 K folgte die Stahl-Stahl Paarung (Abb. 3.30c) und die niedrigste Kontakterwärmung von 29 K wurde bei der SSiC-Selbstpaarung gemessen (Abb. 3.30i). Während die texturierten Stahl- und Saphir-Selbstpaarungen im Vergleich zu den untexturierten Referenzpaaren, wie aus den Reibungszahlverläufen zu vermuten war, deutlich höhere Kontakterwärmungen zeigten, lagen die Werte der texturierten SSiC-Selbstpaarung relativ nah bei den Werten des polierten SSiC/SSiC-Paars (Abb. 3.30i).

Fremdpaarungen

Die Abbildungen 3.31 und 3.32 zeigen die 100Cr6-Pellet/Keramik-Scheibe und Keramik-Pellet/100Cr6-Scheibe Fremdpaarungen mit Saphir und SSiC als keramische Werkstoffe. Die Kontaktflächen waren dabei entweder untexturiert, poliert oder pelletseitig mit 50 % gekreuzten Kanälen der Breite von 100 μm und der Tiefe von 10 μm texturiert. Die untexturierten Paarungen in Abb. 3.31 zeigten sehr ähnliche mit steigender Gleitgeschwindigkeit ansteigende Reibungszahlen mit Werten bei 10,0 m/s von 0,23 bei Saphir/Stahl (Abb. 3.31a) bzw. 0,25 bei Stahl/Saphir-Paarung (Abb. 3.31d). Die Kontakterwärmung nahm mit steigender Gleitgeschwindigkeit zu und zeigte mit 27 bzw. 28 K bei 10,0 m/s nur geringe Unterschiede bei Saphir/Stahl bzw. Stahl/Saphir Paarung.
Die Reibungszahlen der texturierten Saphirpellet/Stahlscheibe Paarung fielen mit steigender Gleitgeschwindigkeit bei 0,5 m/s zunächst auf einen der polierten Paarung ähnlichen Wert von 0,10 ab (Abb. 3.31b). Im Weiteren wurde mit anfänglich steilem Anstieg ein degressiver Verlauf auf einen Wert von 0,40 bei 7,0 m/s gemessen. Die Reibungszahl bei 10,0 m/s lag wieder etwas niedriger, nämlich bei 0,38 (Abb. 3.31a). Die texturierte Stahlpellet/Saphirscheibe-Paarung zeigte dagegen mit steigender Gleitgeschwindigkeit einen steilen Anstieg auf Reibungszahlwerte von 0,47 bei 3,0 m/s (Abb. 3.31d). Eine Ausnahme stellten die Reibungszahlen bei 0,3 und 0,5 m/s dar, die entgegen dem kontinuierlichen Anstieg mit steigender Gleitgeschwindigkeit abnehmende Werte von 0,13 zeigten (Abb. 3.31e). Von 3,0 auf 10,0 m/s fielen die Reibungszahlen wieder auf Werte von 0,39 ab (Abb. 3.31d). Generell war die Kontakttemperaturerhöhung der texturierten Paarungen höher als die der untexturierten Tribopaare. Die Kombination von

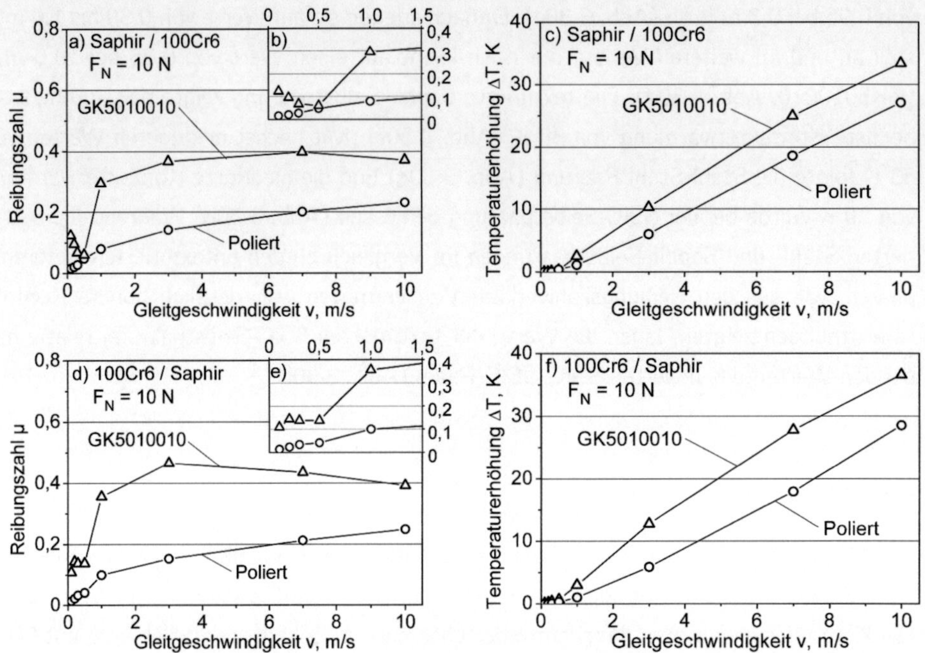

Abb. 3.31: Einfluss von Pellet- und Scheiben-Werkstoff auf die Verläufe (a-b, d-e) der
Reibungszahl und (c, f) der Temperaturerhöhung bei den Paarungen (a-c)
Saphirpellet/100Cr6-Scheibe und (d-f) 100Cr6-Pellet/Saphirscheibe jeweils für nur
polierte Kontaktflächen und mit gekreuzten Kanälen ($a_{tex} = 50$ %, $w = 100$ µm,
$d = 10$ µm) texturierte Pelletkontaktfläche ($F_N = 10$ N, 8,9 mm^3/s FVA-Öl Nr. 3).

Stahlpellet/Saphirscheibe zeigte die höchsten Werte von 37 K bei 10,0 m/s. Die texturierte Saphirpellet/Stahlscheibe Paarung erwärmte sich bei gleicher Gleitgeschwindigkeit
dagegen nur um 33 K.

Die SSiC/Stahl-Fremdpaarungen zeigten jeweils ähnliche Reibungszahlverläufe für die
polierten und die texturierten Paarungen (Abb. 3.32a, d). Im Falle nur polierter Kontaktflächen stiegen die Reibungszahlen mit steigender Gleitgeschwindigkeit stetig an. Mit
einem Wert von 0,27 bei 10,0 m/s (Abb. 3.32d) zeigte die Paarung von Stahlpellet gegen
SSiC-Scheibe etwas höhere Werte als die Paarung von SSiC-Pellet gegen Stahlscheibe
mit einem Wert von 0,25 (Abb. 3.32a). Mit leicht höherer Kontakterwärmung von 31 K
bei 10,0 m/s bei Stahl/SSiC Paarung (Abb. 3.32f), aber sonst ähnlichen Werten, spiegelte sich der Reibungszahlverlauf in den Verläufen der Kontakttemperaturerhöhung wieder.
Im Vergleich dazu lag die SSiC/Stahl Paarung bei 10,0 m/s bei 29 K (Abb. 3.32c).

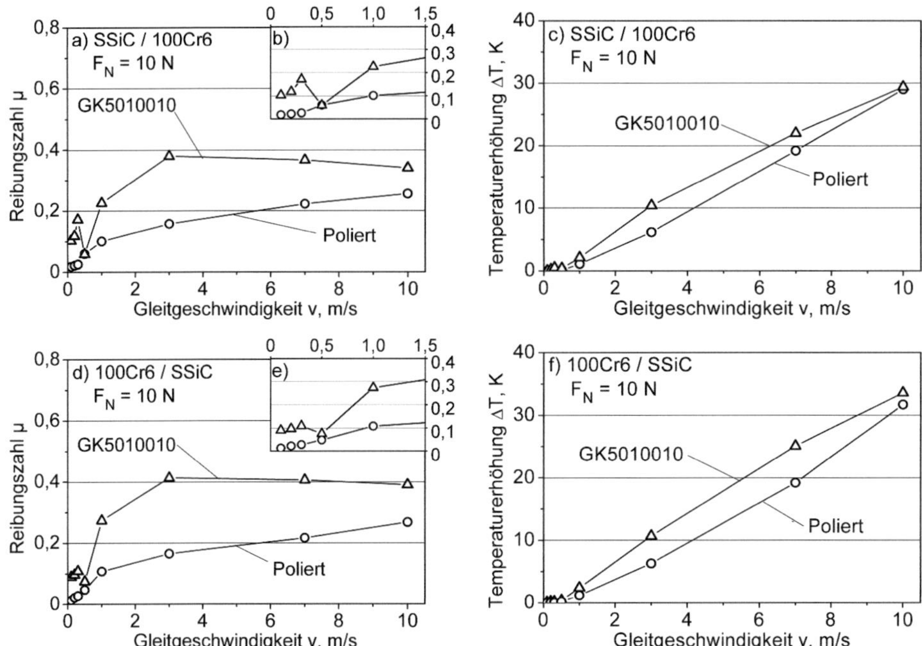

Abb. 3.32: Einfluss von Pellet- und Scheiben-Werkstoff auf die Verläufe (a-b, d-e) der Reibungszahl und (c, f) der Temperaturerhöhung bei den Paarungen (a-c) SSiC-Pellet/100Cr6-Scheibe und (d-f) 100Cr6-Pellet/SSiC-Scheibe jeweils für nur polierte Kontaktflächen und mit gekreuzten Kanälen (a_{tex} = 50 %, w = 100 µm, d = 10 µm) texturierte Pelletkontaktfläche (F_N = 10 N und 8,9 mm^3/s FVA-Öl Nr. 3).

Bei Paarungen mit texturierten Pellets verliefen die Reibungszahlkurven mit steigender Gleitgeschwindigkeit bis 0,3 m/s ansteigend auf Werte von 0,18 bei SSiC/Stahl bzw. 0,12 bei Stahl/SSiC (Abb. 3.32b, e). Die Reibungszahlwerte bei 0,5 m/s lagen mit 0,06 (Abb. 3.32b) bzw. 0,08 (Abb. 3.32e) unter den Werten bei 0,3 m/s und darüber hinaus nahe an den entsprechenden Werten der polierten Paarungen. Danach stiegen die Reibungszahlen mit steigender Gleitgeschwindigkeit auf ein Maximum bei 3,0 m/s von 0,38 (Abb. 3.32a) bzw. 0,41 (Abb. 3.32d) an und fielen bis 10,0 m/s wieder leicht auf 0,34 bzw. 0,39 ab. Die Kurven der Kontakterwärmung texturierter Paarungen lagen bei mittleren Gleitgeschwindigkeiten bei deutlich höheren Werten als die der nur polierten Paarungen (Abb. 3.32c, f). Bei der Gleitgeschwindigkeit von 10,0 m/s schienen sich die beiden Kurven (texturiert und poliert) wieder anzunähern, so dass deren Differenz von 6 bzw. 3 K bei 7,0 m/s auf 2 bzw. 0,5 K bei 10,0 m/s schrumpfte.

3.5 Strömung in Mikrokanälen

Im folgenden Kapitel wird auf die Strömung in Mikrokanälen eingegangen. Zum einen werden Videoaufnahmen der Strömung in Mikrokanälen gezeigt und zum anderen wurden Reibungswiderstände mit computergestützten Simulationen berechnet.

3.5.1 Hochgeschwindigkeitsaufnahmen von der Strömung in parallelen Kanälen

Abb. 3.33 zeigt Aufnahmen einer Hochgeschwindigkeitskamera (VW-6000, Fa. Keyence) mit 4000 Bildern pro Sekunde einer Paarung mit parallelen Kanälen im „In situ-Tribometer" bei der Gleitgeschwindigkeit von 0,30 m/s und 10 N Normalkraft. Die Kanäle waren unter 0 ° zur Gleitrichtung orientiert. Als Indikatoren für Strömung wurde dem verwendeten Öl globulares Kupferpulver (9 ± 3,9 µm) mit reflektierenden Partikeloberflächen zugegeben. Zur Identifikation gleicher Partikel auf mehreren aufeinander folgenden Aufnahmen bei der gewählten Gleitgeschwindigkeit von 0,30 m/s war eine 100-fache Vergrößerung notwendig. Die gekennzeichneten Partikel in Abb. 3.33 bewegten sich einerseits durch die Kanäle (Kreis und Rechteck, Abb. 3.33, Teilbilder 1 -12) und andererseits im Schmierspalt zwischen Scheibe und den hervorstehenden Plateaus (Dreieck und Fünfeck, Abb. 3.33, Teilbilder 6-16). Das mit einem Kreis markierte Teilchen bewegte sich anscheinend mit einer langsameren Geschwindigkeit als das mit einem Rechteck umrandete, weil sich deren Abstand zueinander in der Sequenz von Teilbild 6 bis 10 offenbar vergrößerte. Die Teilchen der anderen beiden Symbole (Dreieck und Fünfeck) zeigten dagegen ähnliche Geschwindigkeiten. Deren Abstand zueinander blieb nämlich konstant (Abb. 3.33, Teilbilder 10-16). Die Teilchengeschwindigkeit wurde durch Division der zurückgelegten Wegstrecke durch die Anzahl der Zeitschritte ermittelt (Tab. 3.2). Die Geschwindigkeiten der im Kanal befindlichen Partikel betrugen 0,01 und 0,11 m/s,

Symbol	Ort	Weg, mm	Zeit, ms	Geschwindigkeit, m/s
Kreis	Kanal	0,022	2,25	0,01
Rechteck	Kanal	0,170	1,50	0,11
Dreieck	Plateau	0,070	1,50	0,05
Fünfeck	Plateau	0,133	2,50	0,05

Tab. 3.2: Berechnung der Strömungsgeschwindigkeiten der durch die unterschiedlichen Symbole markierten Partikel aus Hochgeschwindigkeitsaufnahmen (Abb. 3.33).

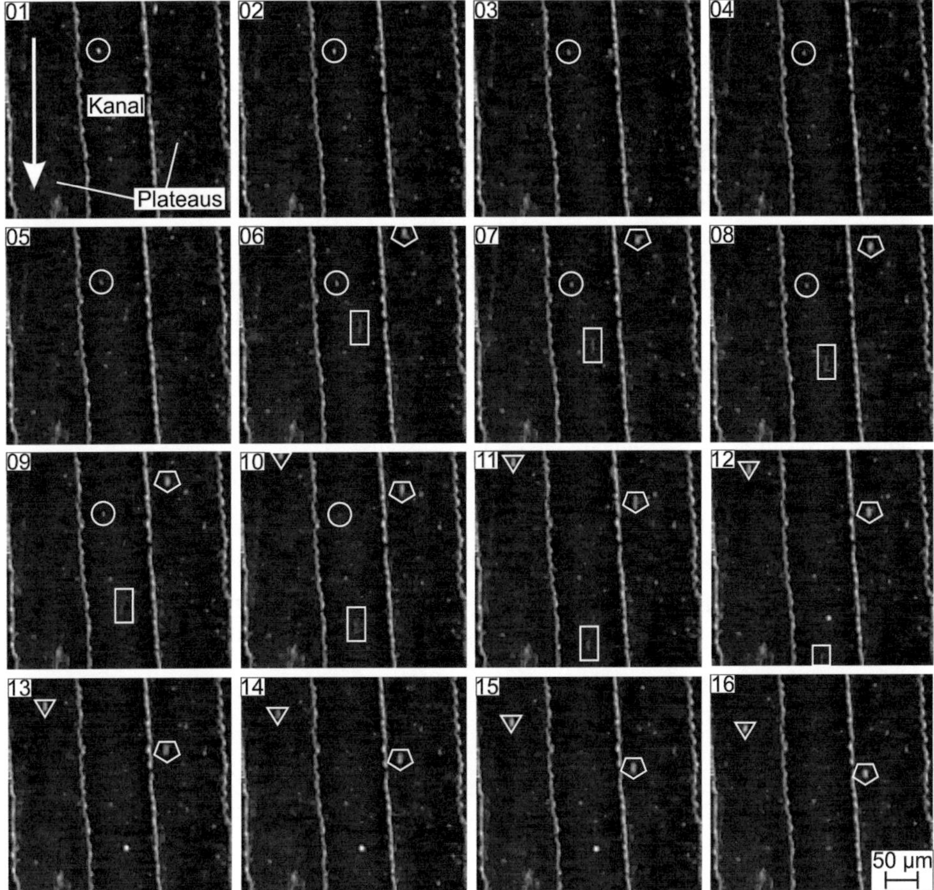

Abb. 3.33: Hochgeschwindigkeitsaufnahmen von Licht reflektierenden Kupferpartikeln im FVA-Öl Nr. 3 einer 100Cr6/Saphir Paarung mit 0 ° zur Gleitrichtung orientierten parallelen Kanälen (a_{tex} = 50 %, w = 100 µm, d = 50 µm) mit einer Aufnahmefrequenz von 4000 Hz (F_N = 10 N, v = 0,30 m/s); Zeitschritt zwischen zwei Teilbildern 0,25 ms; Pfeil zeigt in Drehrichtung der Scheibe.

während die Geschwindigkeit der Partikel auf den Plateaus konstant 0,05 m/s war. Dadurch konnte indirekt eine Geschwindigkeitsverteilung im Kanal festgestellt werden, wobei die Tiefenlage der Partikel durch die Beobachtung nicht ersichtlich war. Die gemessene Schmierfilmdicke dieser Versuche wurde von im Kontakt eingeklemmten Kupferteilchen verursacht. Durch diesen Festkörperkontakt wurden manche Partikel zu kleinen Scheibchen verformt, die bei ihrer Vorwärtsbewegung eine Rotation ausführten. Das

Verschwinden z.B. des durch den Kreis hervorgehobenen Teilchens von Teilbild 10 auf 11 in Abb. 3.33 konnte dieser Rotationsbewegung zugeschrieben werden.

3.5.2 Reibungswiderstände aus computergestützten Simulationen

Abb. 3.34 zeigt schematisch ein Texturelement mit Kanälen und Plateau. Die Anzahl der Texturelemente errechnet sich aus der nominellen Kontaktfläche $A_0 = \pi \cdot D^2/4$ geteilt durch die Fläche eines Texturelements o^2 mit dem mittleren Texturabstand $o = w/(1 - \sqrt{1 - a_{tex}})$ (Abb. 2.3e). Hierbei bedeutet w die Kanalbreite, a_{tex} der texturierte Flächenanteil und D der Kontaktflächendurchmesser. Mit einem Flächenanteil von jeweils 50 % bedeutet das bei 60 μm breiten Kanälen eine Anzahl von 1000 Texturelementen und bei 100 μm breiten Kanälen eine Zahl von 350.

Die Simulationsgeometrie ist in Abb. 3.35a mit 2 mal 2 Plateaus gezeigt. Bei den Berechnungen wurden komplett mit Öl gefüllte Kanäle und eine Schmierfilmdicke h zu Grunde gelegt. Die Scheibendrehung übertrug sich auf das Öl in den Kanälen, wo sich somit eine Strömung einstellte. Das Öl haftete an den Kanalwänden, wodurch über die Ölscherung eine Kraft auf das Pellet übertragen wurde, welche durch den Reibungswiderstand charakterisiert wird. In der in Abb. 3.35a gezeigten Geometrie wird diese Rei-

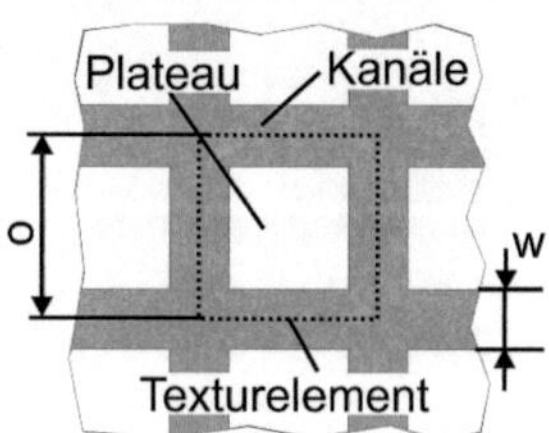

Abb. 3.34: Schematische Darstellung eines Texturelements mit Kanälen und Plateaus (w = Kanalbreite, o = mittlerer Kanalabstand).

bungskraft von 8 Kanalwandflächen übertragen. Ein einzelnes Texturelement (Abb. 3.34) hat 4 Kanalwandflächen. Somit wird der Reibungswiderstand der gezeigten Geometrie (Abb. 3.35a) von 2 Texturelementen erzeugt. Abb. 3.35 zeigt die berechneten Reibungswiderstände von Texturierungen mit jeweils 50 % gekreuzten Kanälen mit 60 und 100 μm Breite bei unterschiedlichen Kanaltiefen und Schmierfilmdicken. Die Reibungswiderstände wurden an einer Geometrie mit 20 Texturelementen berechnet und auf die Anzahl von 1000 bzw. 350 auf der Kontaktfläche extrapoliert.

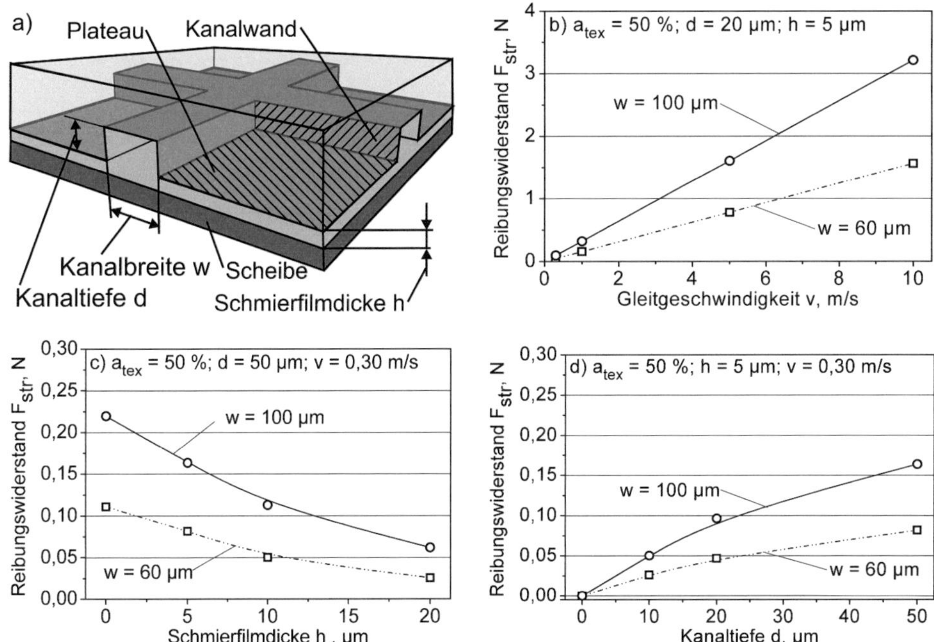

Abb. 3.35: (a) Vereinfachte Darstellung des ölgefüllten Kanalvolumens zur Computersimulation (Kap. 2.6) sowie für 20 Texturelemente simulierte und auf die gesamte Kontaktfläche extrapolierte Reibungswiderstände von Texturierungen mit 60 und 100 µm breiten gekreuzten Kanälen über (b) der Gleitgeschwindigkeit bei einer Schmierfilmdicke h = 5 µm und Kanaltiefe d = 20 µm, (c) der Schmierfilmdicke bei einer Kanaltiefe d = 50 µm und v = 0,30 m/s und (d) der Kanaltiefe bei einer Schmierfilmdicke h = 5 µm und v = 0,30 m/s.

Abb. 3.35b zeigt den viskosen Reibungswiderstand F_{str} durch Strömung in Abhängigkeit von der Gleitgeschwindigkeit bei einer Texturierung mit 60 und 100 µm breiten Kanälen mit einer Tiefe von jeweils 20 µm bei einer Schmierfilmdicke von 5 µm. Bei beiden Texturierungen konnte ein linearer Verlauf der Reibungswiderstände mit der Gleitgeschwindigkeit beobachtet werden (Abb. 3.35b), wobei sich eine größere Steigung bei dem Texturmuster mit den breiteren Kanälen ergab. Abb. 3.35c stellt die Abhängigkeit des Reibungswiderstands von der Schmierfilmdicke für 60 und 100 µm breite Kanäle dar, bei einer Kanaltiefe von 50 µm und einer Gleitgeschwindigkeit von 0,30 m/s. Hierbei zeigte sich mit steigender Schmierfilmdicke ein hyperbolischer Abfall des Reibungswiderstands und zusätzlich deutlich höhere Werte für die Texturierung mit 100 µm breiten Kanälen. Bei Änderung der Schmierfilmdicke von 0 auf 20 µm fielen bei dieser Texturierung die

Reibungswiderstände von 0,22 auf 0,06 N ab. Bei 60 μm breiten Kanälen nahm der Reibungswiderstand in diesem Bereich von 0,11 auf etwa 0,03 N ab. In Abb. 3.35d wird die Abhängigkeit des Reibungswiderstands von der Kanaltiefe gezeigt. Offensichtlich stiegen die Werte mit steigender Kanaltiefe an. Die Texturierung mit 100 μm breiten Kanälen zeigte wiederum im gesamten Verlauf höhere Werte als die Texturierung mit schmaleren, 60 μm breiten Kanälen. Bei der Tiefe von 50 μm betrug der Reibungswiderstand bei 100 μm breiten Kanälen 0,16 N bzw. 0,08 N bei 60 μm breiten Kanälen. Tab. 3.3

Kanalbreite w, μm	Kanaltiefe d, μm	Experiment		Simulation	
		Reibungskraft F_R, N	Schmierfilmdicke h, μm	Reibungswiderstand F_{str}, N	Schmierfilmdicke h, μm
0	0	0,25	7,0	-	-
60	10	0,30	7,2	0,03	5
60	50	1,50	$\ll 1$	0,11	0
100	10	0,48	4,1	0,05	5
100	50	1,44	$\ll 1$	0,22	0

Tab. 3.3: Reibungskräfte bzw. viskose Reibungswiderstände unterschiedlicher Texturierungen aus Experimenten bzw. Computersimulationen ($v = 0,30$ m/s, $F_N = 10$ N, $a_{tex} = 50$ %).

zeigt den Vergleich von experimentell ermittelten Reibungskräften mit den berechneten, viskosen Reibungswiderständen (Abb. 3.35) bei unterschiedlich texturierten sowie dem untexturierten Pellet bei 0,30 m/s. Die Differenz der Reibungskräfte des untexturierten Pellets (1. Zeile, Tab. 3.3) und jenem mit 60 μm breiten und 10 μm tiefen Kanälen von 0,05 N stammt aufgrund ähnlicher Schmierfilmdicken (7,0 bzw. 7,2 μm) von viskosen Reibungskräften. Dieser Wert stimmt gut mit dem Wert von 0,03 N aus der Simulation bei der Schmierfilmdicke von 5 μm überein. Die Differenz der Reibungskräfte von untexturiertem zu mit 100 μm breiten und 10 μm tiefen Kanälen texturiertem Pellet ist dagegen mit 0,23 N viel größer als der simulierte Wert von 0,05 N bei gut übereinstimmenden Schmierfilmdicken von 4,1 bzw. 5,0 μm. Bei Texturtiefen von 50 μm waren die Filmdicken im Experiment sehr klein und die Reibungskräfte sehr groß. Die berechneten viskosen Reibungswiderstände machten etwa 10 % der Reibungskräfte aus. Daher kann der Reibungswiderstand der Kanäle nicht die Ursache der hohen Reibungskräfte sein.

4 Diskussion

Im folgenden Kapitel werden die Ergebnisse aus dem vorangegangenen Kapitel zusammengeführt und diskutiert. Dabei werden zunächst die Beobachtungen bezüglich der Pelletumströmung resümiert und mit Messungen bezüglich der Ölmenge bzw. dem Ölvolumenstrom in Verbindung gebracht.

Im nächsten Punkt werden Messungen von Paarungen mit untexturierten Wirkflächen mit der Theorie der Hydrodynamik aus Kap. 1.2 verglichen. Im Unterkapitel „Wirkung von Mikrotexturierungen" werden zunächst kommunizierende mit nicht-kommunizierenden Texturierungen verglichen. Dies bildet mit einem deskriptiven Ansatz die Basis zur weiteren Entwicklung eines Modells zur Wirkungsweise kanalartiger Texturen, bei dem eine Kenngröße zur Dimensionierung solcher Texturen entwickelt wurde.

Die Temperaturentstehung im Reibkontakt wird separat für untexturierte und texturierte Wirkflächen diskutiert und abschließend die typischen Kurvenverläufe wiedergegeben und erläutert.

4.1 Stationärer Zustand

In Kap. 3.3 wurde die zeitliche Veränderung der Öl-Luft-Grenzfläche außen um die Kontaktzone beobachtet. In Anlehnung an eine stationäre Strömung in der Strömungsmechanik wurde der zeitlich konstante Zustand als „stationär" bezeichnet. Die Phase, in der sich die Grenzflächengestalt veränderte, wurde dagegen als „instationär" definiert.

Durch die zeitliche Veränderung der Öl-Luft-Grenzfläche, d.h. durch den Übergang vom instationären in den stationären Zustand, erhöhte sich bei untexturierten Wirkflächen die Schmierfilmdicke um 29 % (Abb. 3.4b) und reduzierte sich die Reibungszahl um 15 % (Abb. 3.4a). In Abbildung 4.1 sind die Ergebnisse aus den Abbildungen 3.4a-d und 3.6a-d schematisch zusammengefasst. Dabei wird einerseits zwischen dem instationären und stationären Zustand unterschieden, sowie zwischen polierter und texturierter Pelletkontaktfläche.

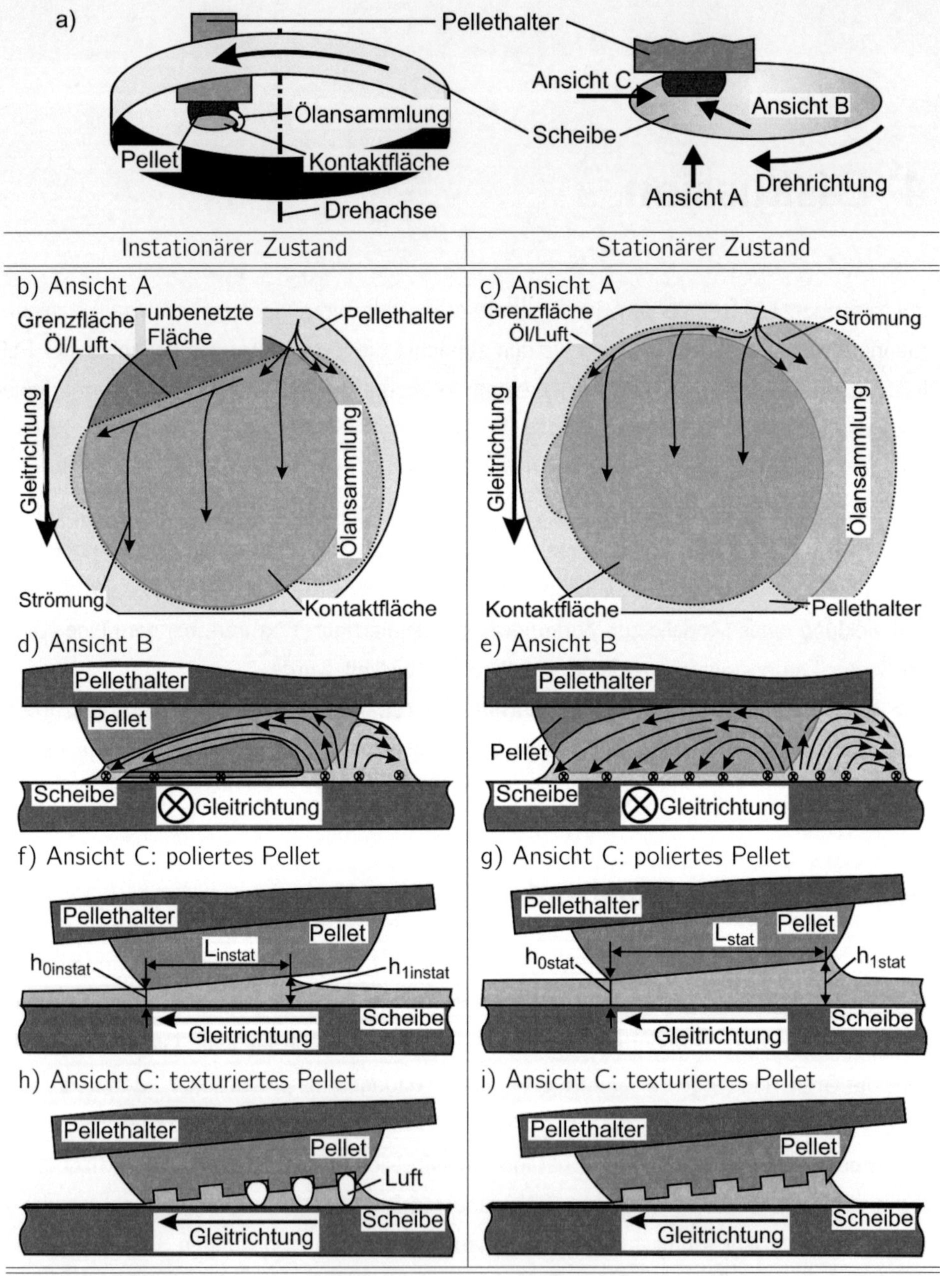

Abb. 4.1: Schematische Darstellung (a) der Blickrichtung auf den Wirkflächenkontakt und (b-i) der Pelletumströmung (b, d, f, h) im instationären und (c, e, g, i) im stationären Zustand mit poliertem und texturiertem Pellet aus verschiedenen Blickrichtungen (siehe Teilbild a).

Im instationären Bereich verlief die Grenzfläche sowohl im untexturierten als auch im texturierten Fall nicht um die Kontaktfläche herum, sondern teilweise unter ihr hindurch (Abb. 4.1b). Durch die benetzungsbedingte Haftung des Öls an der Scheibe und die hohe Ölviskosität neigte das FVA-Öl Nr. 3 dazu, sich auf dem Spurradius anzusammeln, auf dem es zugeführt wurde. Das Pellet leitete das Öl im tribologischen Kontakt zu einem kleineren Radius. Dadurch entstand die Ölansammlung am rechten Rand der Kontaktfläche (s. Abb. 4.1a, b). Im instationären Zustand war das gesammelte Ölvolumen noch so klein, dass das Pellet nicht komplett umströmt werden konnte (Abb. 4.1d). Dadurch blieb der linke, obere Teil der Kontaktfläche unbenetzt und die Öl-Luft-Grenzfläche verlief durch die Kontaktfläche hindurch (Abb. 4.1b, d).

Durch die kontinuierliche Ölzufuhr sammelte sich immer mehr Öl am rechten, inneren Rand der Kontaktfläche an. Das Ölvolumen wuchs sowohl in die Breite (Abb. 3.4c) als auch in die Höhe (Abb. 3.4e), bis schließlich die gesamte Kontaktfläche umströmt und benetzt wurde. Solange die Ölzufuhr und Gleitgeschwindigkeit aufrecht erhalten wurden, blieb dieser stationäre Zustand erhalten und darüber hinaus war die Größe des Rückstauvolumens bei allen mit gleicher Paarung und Gleitgeschwindigkeit mit FVA-Öl Nr. 3 durchgeführten Versuchen gleich. Bei hydrodynamischem Verhalten im instationären und stationären Zustand können Gl. 1.20 und Gl. 1.21 auf die unterschiedlichen Schmierspaltgeometrien (Abb. 4.1f, g) angewendet werden. Dazu wurden die Schmierfilmdicken h_{0stat} im stationären und $h_{0instat}$ im instationären Zustand aus dem Kurvenverlauf von Abb. 3.4b mit 7,3 bzw. 5,2 µm abgelesen und aus Abb. 3.4 die Spaltlängen L_{instat} und L_{stat} mit 5,0 bzw. 7,2 mm bestimmt. Mit Gl. 1.20 wurde C^* mit einem Wert von 39,5 und durch iterative Auflösung von Gl. 1.21 nach K ein K-Wert von 0,053 für den stationären Zustand errechnet. Damit konnte die Schmierfilmdicke $h_{1instat} = 5,46$ µm mit Gl. 1.17 mit $x = L_{instat} = 5$ mm und $L = L_{stat} = 7,2$ mm berechnet werden. Mit den nun bekannten Schmierfilmdicken wurde K zu 0,050 und C^* zu 42,0 im instationären Zustand berechnet. Damit ergab sich ein berechneter Wert von 0,044 für die Reibungszahl im instationären Zustand im Vergleich zum gemessenen Wert von 0,046 bzw. 0,040 im stationären Zustand. Beim Übergang vom instationären in den stationären Zustand verursachte die Veränderung der Schmierspaltgeometrie trotz eines Anstiegs der Schmierfilmdicke und hydrodynamischem Verhalten eine Verminderung der Reibungszahl. Dieser Übergang trat beim niedrig viskosen FVA-Öl Nr. 1 nicht auf. Das Stauvolumen war dabei deutlich kleiner und zeitlich sowie bei allen Versuchen bei gleicher Geschwindigkeit mit FVA-Öl Nr. 1 konstant, wie Abb. 3.5 belegt. Im Falle von Paarungen mit texturierten

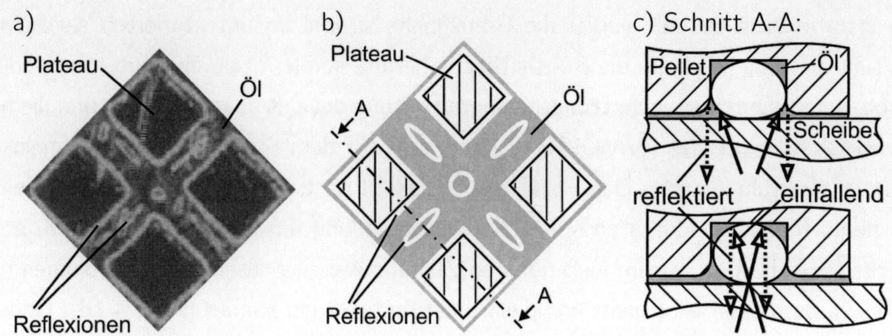

Abb. 4.2: Öl in den Kanälen im instationären Zustand (a) einer in situ-Aufnahme und (b, c) in schematischer Darstellung (c) im Schnitt mit Pfeilen in Richtung einfallender und reflektierter Lichtstrahlen.

Pellets hatte dieser Übergang beim Vorliegen eines messbaren Schmierfilms die selben Auswirkungen wie im gerade erläuterten Fall nur polierter Kontaktflächen. Interessanter waren die Effekte bei texturiertem Pellet, wenn kein messbarer Schmierfilm vorlag, wie in Abb. 3.6. Im instationären Zustand wurden bereits 90 % der stationären Reibungszahl erreicht (Abb. 3.6a). Dabei waren die Kanäle nicht vollständig mit Öl gefüllt (heller Bereich, Abb. 3.6c), denn durch eine vergrößerte Abbildung der Kanäle in diesem Bereich (Abb. 3.6e) konnten Reflexionen identifiziert werden, die im stationären Bereich bei kompletter Füllung der Kanäle mit Öl nicht beobachtet wurden (Abb. 3.6g). Zusätzlich wurde der Rand der Plateaus stark überstrahlt, was auf eine Verrundung der Plateaukanten hindeutete. Die Benetzbarkeit der verwendeten Materialien wurde in Abb. 3.1c gemessen, wobei sowohl Saphir als auch 100Cr6 mit Benetzungswinkeln von 20 bzw. 10 ° gut vom FVA-Öl Nr. 3 benetzt wurden. Die bevorzugte Benetzung von Kanälen entlang ihrer Bodenkante ist in der Literatur bekannt [73, 150], wodurch sich in den Kanälen eine Öl-Luft-Grenzfläche wie in Abb. 4.2c ausbildete, an der das einfallende Licht reflektiert wurde. Abb. 4.1h stellt einen tribologischen Kontakt mit einem texturierten Pellet im instationären Zustand mit der Ausbildung der Öl-Luft-Grenzfläche in den Kanälen schematisch dar. Damit wird deutlich, dass trotz der unvollständigen Volumenausfüllung der Kanäle die gesamte Kanalwandfläche und damit die Plateaus mit Öl benetzt wurden. Dieser Zustand führte bei der verwendeten Texturierung (GK, $a_{tex} = 50$ %, $w = 60$ µm, $d = 50$ µm) zu einer erheblichen Reibungszahlerhöhung im Vergleich zur untexturierten Kontaktfläche. Durch die komplette Füllung der Kanäle stieg die Reibungszahl um 10 % auf den stationären Wert an, weil mehr Öl bei der Durchströmung der Kanäle geschert wurde und somit der Reibungswiderstand anstieg. Die Schmierfilmdicke lag währenddessen unter 1 µm. Bei der Zugabe von 0,1 ml FVA-Öl Nr. 3 nach dem Versuchsstart mit ungeschmiertem Kontakt einer Paarung mit gleicher Texturierung (GK, $a_{tex} = 50$ %, $w = 60$ µm, $d = 50$ µm) in Abb. 3.20b musste aufgrund der geringen zugeführten Ölmenge und der Gleitgeschwindigkeit von 1,0 m/s ein ähnlicher Schmierungszustand vorherrschen. Dieser führte hierbei zu einem sprunghaften Reibungszahlanstieg, und darüber hinausgehende Ölmengen bewirkten lediglich einen geringen Reibungszahlanstieg (s. Stelle 2, Abb. 3.20b), was die Messung im vorherigen Abschnitt bestätigte. Außerdem blieb der Temperaturverlauf, bis auf einen kurzzeitigen Knick durch die Ölzugabe, im trockenen und mangelgeschmierten Zustand gleich, wie Bowden bei Versuchen mit einem Stahlstift gegen eine Glasscheibe bereits herausfand [35].

4.2 Vergleich von Theorie und Experiment

Die Ergebnisse mit nur polierten Wirkflächen folgten der Theorie der Hydrodynamik (Kap. 1.2), die im Bereich der Flüssigkeitsreibung mit steigender Schmierfilmdicke steigende Reibungszahlen vorhersagt. In Abb. 3.7 wurden durch steigende Gleitgeschwindigkeiten und mit sinkender Normalkraft steigende Schmierfilmdicken verursacht, wodurch die Reibungszahlen anstiegen. Darüber hinaus sank die Reibungszahl mit sinkender Viskosität des Schmiermediums als Konsequenz von sinkenden Schmierfilmdicken, wie die Abbildungen 3.9a-d zeigen. Bei den experimentell gewählten Bedingungen trat Mischreibung bei nur polierten Paarungen nie auf, weil durch die Rauheitswerte der polierten Oberflächen die charakteristische Schmierfilmdicke Λ selbst bei einer angenommenen Schmierfilmdicke von 0,1 µm mit der Abschätzung $R_q \approx 1,25 \cdot R_a$ ($R_a \approx 0,010$ µm, Abb. 3.1a, b) $\Lambda = 5,7$ wäre.

Bildet man den Quotienten aus dem Produkt der Reibungszahl μ multipliziert mit dem Kontaktflächendurchmesser D, dividiert durch die Schmierfilmdicke h, so ergibt sich nach Gl. 1.20 mit $L = D$ ein dimensionsloser Geometriefaktor C^*, der die Schmierspaltgeometrie beschreibt und vom Keilparameter K (s. Gl. 1.21, Kap. 1.2) abhängt. In Abb. 4.3a ist dieser Quotient für die Normalkraft von $F_N = 10$ N in Abhängigkeit von der Gleitgeschwindigkeit aufgetragen. Die Werte fielen mit steigender Gleitgeschwindigkeit bis circa 0,10 m/s stark ab und gingen dann in eine Sättigung. Das bedeutet eine konstante Schmierspaltgeometrie ab 0,10 m/s. Zudem nahmen die C^*-Werte mit steigender Normalkraft ab (Abb. 4.3b). Die Reibungszahlen in den UMT3-Versuchen

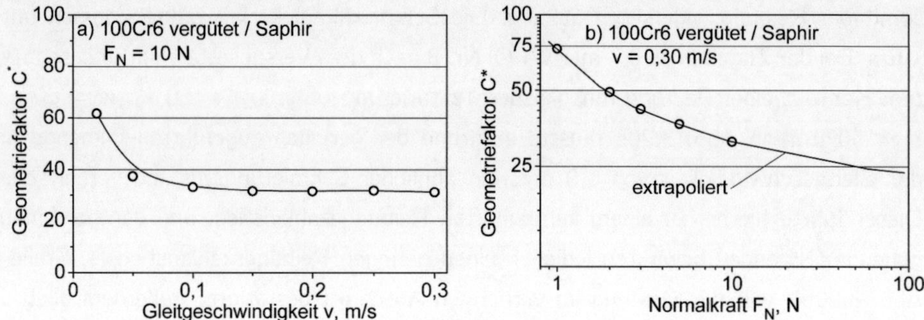

Abb. 4.3: Geometriefaktor C^* des Keilspalts der Paarung 100Cr6/Saphir mit nur polierten Wirkflächen aufgetragen über (a) die Gleitgeschwindigkeit bei $F_N = 10$ N und (b) die
Normalkraft bei $v = 0{,}30$ m/s ($2{,}0$ mm^3/s FVA-Öl Nr. 3).

(Abb. 3.11) lagen bei hohen Gleitgeschwindigkeiten viel höher als mit der Theorie der
Hydrodynamik erklärt werden kann. Zur Klärung wurde der geschwindigkeitsabhängige
Schmierfilmdickenverlauf bei $F_N = 10$ N aus Versuchen im „In situ-Tribometer" mit einer
Regressionsgeraden dargestellt und unter Berücksichtigung der Temperaturabhängigkeit
der Ölviskosität mit den im UMT3-Tribometer gemessenen Kontakterwärmungen auf
Gleitgeschwindigkeiten bis $10{,}0$ m/s extrapoliert. Dies wurde mit der aus Abb. 3.10a her-
vorgehenden guten Übereinstimmung der Reibungszahlverläufe im gemeinsamen Gleitgeschwindigkeitsbereich der Versuchsreihen im „In situ-Tribometer" und in der UMT3
gerechtfertigt. Zudem konnte durch Abb. 3.10b davon ausgegangen werden, dass die
Messwerte im „In situ-Tribometer" unterhalb von $0{,}30$ m/s bei konstanter Kontakttemperatur von 20 °C ermittelt wurden. Die Abhängigkeit der dynamischen Viskosität des
FVA Öls Nr. 3 von der Temperatur (Abb.2.5) wurde mit der Funktion

$$\eta\,(T) = A_1 \cdot \exp\left(-\frac{T}{A_2}\right) + A_3 \tag{4.1}$$

und den Konstanten $A_1 = 1123{,}18$ mPas, $A_2 = 14{,}35$ °C und $A_3 = 14{,}21$ mPas ausge-
drückt (Abb. 4.4a). Die Schmierfilmdicke wurde mit

$$h\,(F_N, \eta, v) = A_4 \cdot \sqrt{\frac{\eta \cdot v}{F_N}} \tag{4.2}$$

angefittet, was mit $A_4 = 76{,}2$ μm in der Auftragung über die Wurzel aus dem Aus-
druck $\eta \cdot v / F_N$ eine Nullpunktsgerade ergab (Abb. 4.4b). Dabei wurden die Viskosität

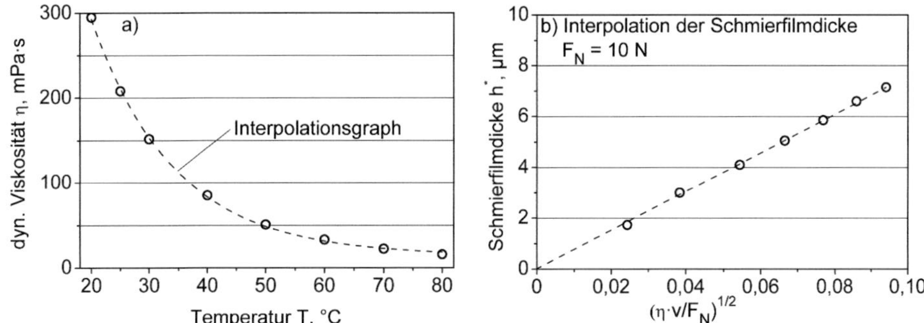

Abb. 4.4: Interpolation (a) der Temperaturabhängigkeit der dynamischen Viskosität des FVA-Öls Nr. 3 mit der Funktion aus Gl. 4.1 und (b) der geschwindigkeitsabhängigen Schmierfilmdicke bei einer Normalkraft von 10 N und 20 °C ($\eta(20\ °C) = 295{,}1$ mPas) mit der Funktion in Gl. 4.2.

$\eta(20\ °C) = 295{,}1$ mPas und $F_N = 10$ N in Übereinstimmung mit den experimentellen Randbedingungen gewählt.

Zur Extrapolation der Schmierfilmdicke auf höhere Gleitgeschwindigkeiten v, Normalkräfte F_N und Ölvolumenströme $\dot{V}_{Öl}$ wurde die Viskosität mit der bei der jeweiligen Beanspruchung gemessenen Temperatur mittels Gl. 4.1 berechnet und neben der entsprechenden Normalkraft und Gleitgeschwindigkeit in die Wurzelfunktion (Gl. 4.2) eingesetzt, insgesamt ergab sich somit

$$h\left(F_N, v, \dot{V}_{Öl}\right) = A_4 \cdot \sqrt{\frac{\left(A_1 \cdot \exp\left(-\dfrac{T\left(F_N, v, \dot{V}_{Öl}\right)}{A_2}\right) + A_3\right) \cdot v}{F_N}} \tag{4.3}$$

Zum Berechnen der Reibungszahl wurde Gl. 1.20 mit $C^*(F_N = 10\ N) = 30$ aus Abb. 4.3b und $C^*(F_N = 60\ N) = 24{,}5$ durch Abschätzung aus Abb. 4.3b verwendet.

Abb. 4.5a zeigt eine vereinfachte Modellvorstellung zur Aufrechterhaltung einer Schmierfilmdicke h, wenn sich ein Schmiermittelzufluss $\dot{V}_{Zu}$, der von der zugeführten Ölmenge abhängt, und ein geschwindigkeitsabhängiger Schmiermittelabfluss $\dot{V}_{Ab}$ die Waage halten. Wird $\dot{V}_{Zu} = \dot{V}_{Öl}$ gesetzt und $\dot{V}_{Ab} = A \cdot \bar{v}$ mit der mittleren Gleitgeschwindigkeit $\bar{v} = v/2$ abgeschätzt, so ergibt sich eine maximal mögliche Schmierfilmdicke

$$h_{max} = \frac{2 \cdot \dot{V}_{Öl}}{D \cdot v} \tag{4.4}$$

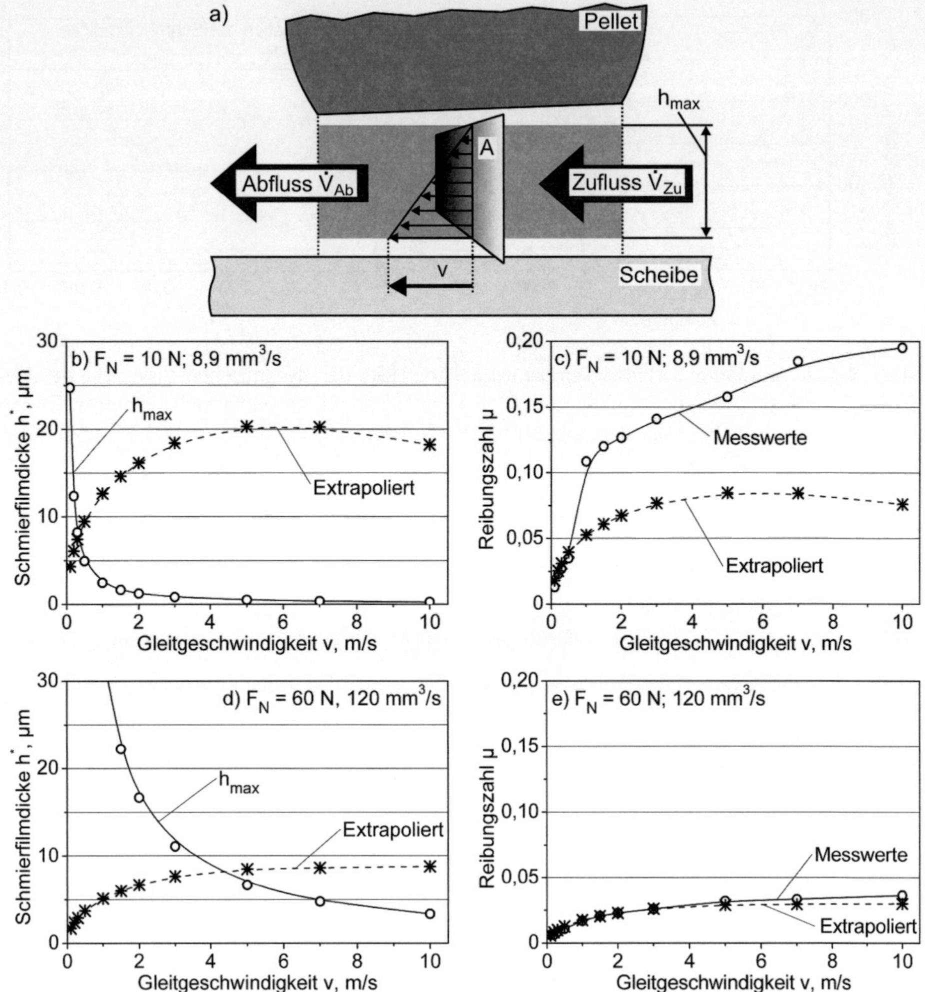

Abb. 4.5: (a) Modellvorstellung des Schmiermittelzu- und -abflusses unter der Kontaktfläche zur Aufrechterhaltung einer Schmierfilmdicke h_{max}, (b, d) geschwindigkeitsabhängige Verläufe der mit Gl. 4.4 berechneten Schmierfilmdicke und der aus Versuchen im „In situ-Tribometer" bis auf $v = 10$ m/s extrapolierten Schmierfilmdicke (b) bei $F_N = 10$ N und 8,9 mm³/s und (d) $F_N = 60$ N und 120 mm³/s FVA-Öl Nr. 3 sowie (c, e) die für die jeweiligen Belastungen gemessenen und mit Gl. 4.3 berechneten Reibungszahlverläufe.

In Abb. 4.5b und 4.5d werden die Ergebnisse der Extrapolation des Schmierfilms und die maximale Schmierfilmdicke h_{max} gezeigt sowie in Abb. 4.5c und 4.5e die berechneten und gemessenen Reibungszahlverläufe. Bei einer Normalkraft von 10 N würden somit

Schmierfilmdicken von 20 µm erwartet (Abb. 4.5b), die Reibungszahlen von 0,09 (Abb. 4.5c) bewirkten und zusätzlich einen Temperatur bedingten Abfall zur Höchstgeschwindigkeit hin zeigten. Im Gleitgeschwindigkeitsbereich bis 0,5 m/s stimmten die Messwerte gut mit den extrapolierten Werten überein (Abb. 4.5c). Bei Gleitgeschwindigkeiten oberhalb von 0,5 m/s führte ein starker Anstieg der gemessenen Reibungszahlen (Messwerte, Abb. 4.5c) zu deutlich höheren Werten als die berechneten Reibungszahlen (Extrapoliert, Abb. 4.5c). Zudem zeigte der Reibungszahlverlauf der Messwerte einen linearen Anstieg mit steigender Gleitgeschwindigkeit. Die Geschwindigkeit von 0,5 m/s, ab der starke Unterschiede im Reibungszahlverlauf entstanden, stimmte gut mit der Gleitgeschwindigkeit überein, ab der die maximale Schmierfilmdicke unterhalb der Kurve der extrapolierten Werte verlief (Abb. 4.5b). Dies bedeutet somit, dass die beiden Kurvenabschnitte mit den jeweils niedrigeren Schmierfilmdicken in Abb. 4.5b eher den realen Schmierfilmdickenverlauf beschreiben als der nur extrapolierte Verlauf. Dadurch ergaben sich sehr dünne Schmierfilme bei hohen Gleitgeschwindigkeiten. Dennoch konnte, aufgrund der polierten Oberflächen ($R_q \approx 0,013$ µm), von hydrodynamischem Verhalten ausgegangen werden, zumal die Schmierfilmdicke für Mischreibung bei $\Lambda \approx 3,0$ unter 53 nm sein müsste und in den Versuchen kein Verschleiß auftrat. Dafür sprachen ebenfalls die abnehmenden Reibungszahlen mit steigender Normalkraft in Abb. 3.11a.

Bei einer Normalkraft von 60 N und einem gesteigerten Ölvolumenstrom auf 120 mm^3/s (Abb. 4.5d) sanken die extrapolierten Schmierfilmdicken auf ca. 10 µm ab und es trat kein Abfall mit steigender Gleitgeschwindigkeit auf. Zudem hatte die maximale Schmierfilmdicke h_{max} bei $v = 10$ m/s einen Wert von 3 µm, womit sie im Gegensatz zu Abb. 4.5b weit im Bereich der Flüssigkeitsreibung lag ($\Lambda \approx 169$). Die Reibungszahlverläufe (Abb. 4.5e) waren bis etwa 4 m/s nahezu deckungsgleich und liefen ab diesem Wert leicht auseinander, wobei die gemessenen Werte leicht über den berechneten lagen. Die Geschwindigkeit von 4,0 m/s, ab der Unterschiede in den Reibungszahlverläufen auftraten, stimmte erneut gut mit der Gleitgeschwindigkeit am Schnittpunkt der Schmierfilmdickenkurven (Abb. 4.5d) überein. Diese Geschwindigkeit wird im Weiteren mit „Übergangsgeschwindigkeit‚‚ bezeichnet. Außerdem waren die Unterschiede sowohl der Schmierfilmdickenverläufe als auch der Reibungszahlverläufe bei höheren Gleitgeschwindigkeiten deutlich geringer als bei dem Ölvolumenstrom von 8,9 mm^3/s und der Normalkraft von 10 N in Abb. 4.5b und 4.5c.

Resümierend kann man somit sagen, dass die Schmierfilmdicke in den UMT3-Versuchen bei konstantem Ölvolumenstrom mit ansteigender Gleitgeschwindigkeit stark abfiel, weil ab einer gewissen Gleitgeschwindigkeit das zugeführte Ölvolumen die Kontaktfläche nicht ausreichend mit Öl versorgen konnte. Im Umkehrschluss müsste somit, um im gesamten Geschwindigkeitsbereich dicke Schmierfilme gewährleisten zu könnten, der Ölvolumenstrom mit der Geschwindigkeit gesteigert werden.

Bei konstantem Ölvolumenstrom entstanden jedoch sehr dünne Schmierfilme, die sich oberhalb einer „Übergangsgeschwindigkeit" hauptsächlich in Abhängigkeit vom zugeführten Ölvolumenstrom und der Normalkraft einstellten. Dies wird durch Abb. 3.15a und 3.11a untermauert, denn der steile Anstieg zu höheren Reibungszahlen wurde mit steigendem Ölvolumenstrom und steigender Normalkraft geringer, weil so der Unterschied der hydrodynamisch errechneten Filmdicke und der tatsächlichen geringer wurde.

Die zur Verfügung stehende Ölmenge wurde bei Gleitgeschwindigkeiten oberhalb von 1 m/s zusätzlich von einem Abschleudern des Schmiermittels aufgrund steigender Zentrifugalkräfte und einer Änderung der Pelletumströmung verringert (Abb. 3.21). Bei Vergrößerung des Spurradius, was bei konstanter Gleitgeschwindigkeit eine Verringerung der Zentrifugalkraft zur Folge hatte, zeigten sich aufgrund besserer Schmierung ausschließlich bei v = 3,0 m/s geringere Werte in den Reibungszahlen polierter Paarungen (Abb. 3.14). Die Reibungszahlen nur polierter Selbstpaarungen unterschiedlicher Materialien (Abb. 3.30) zeigten sehr ähnliche Verläufe und die absoluten Reibungszahlen waren mit Werten bei der Maximalgeschwindigkeit (10 m/s) zwischen 0,19 und 0,22 ähnlich mit dem höchsten Wert bei SSiC-Selbstpaarung. Generell lagen die Reibungszahlen bei den Fremdpaarungen Stahlpellet/Keramikscheibe und Keramikpellet/Stahlscheibe (Abb. 3.31 und 3.32) höher als die Selbstpaarungen dieser Materialien wie auch in [104] berichtet wurde. Darüber hinaus zeigten die Stahlpellet/Keramikscheibe Paarungen höhere Reibungszahlen als die Paarungen mit Keramikpellet/Stahlscheibe. Die höchsten Werte ergaben sich bei einer Gleitgeschwindigkeit von 10,0 m/s für Stahl/SSiC (Abb. 3.32c) und Stahl/Saphir (Abb. 3.31c) von 0,28 bzw. 0,26.

4.3 Mikrotexturierungen

Im Folgenden werden die Wirkungen der unterschiedlichen Mikrotexturierungen, angefangen bei einer Gegenüberstellung kommunizierender mit nicht-kommunizierenden Texturmustern diskutiert. Im Weiteren werden kanalartige Muster anhand einer Texturkenngröße dargestellt.

4.3.1 Gegenüberstellung kommunizierender und nicht-kommunizierender Texturierungen

In Abb. 4.6 werden die Auswirkungen von Mikrotexturierungen mit isolierten, runden Näpfchen (Abb. 4.6d) bzw. miteinander kommunizierenden, gekreuzten Kanälen auf die Reibungszahl im Vergleich zur nur polierten Pellet-Wirkfläche über einen Geschwindigkeitsbereich bis 10,0 m/s im Labortribometer „UMT3" bzw. 0,30 m/s im „In situ-Tribometer" dargestellt. Beide Texturarten wiesen jeweils den Flächenanteil von 50 % und die Tiefe von 10 µm sowie den Durchmesser bzw. die Kanalbreite von 100 µm auf. Unter den gewählten Versuchsbedingungen ergaben sich bei Gleitgeschwindigkeiten kleiner etwa 0,50 m/s die gleichen Reibungszahlwerte für die Paarung ohne Textur wie für die mit der Näpfchen-Textur, während die Werte für die Textur mit gekreuzten Kanälen etwas größer waren (Abb. 4.6c). Bei Gleitgeschwindigkeiten oberhalb von 0,50 m/s führten die runden Näpfchen zu einer Reduzierung und die gekreuzten Kanäle zu einer starken Erhöhung der Reibungszahl verglichen mit der polierten Wirkfläche ohne Textur. Aus den Untersuchungen im „In situ-Tribometer" (Abb. 4.6a, b) ging hervor, dass Flüssigkeitsreibung auch bei niedrigen Gleitgeschwindigkeiten im Fall der Näpfchen-Textur, wie auch bei nur polierten Kontaktflächen, vorherrschte, während bei der Textur mit gekreuzten Kanälen unterhalb von etwa 0,10 m/s keine Schmierfilmdicke mehr gemessen werden konnte, d. h. die Schmierfilmdicke war < 1 µm, und der Übergang in die Mischreibung war mit einem Reibungszahlanstieg verbunden. Das Begünstigen des Übergangs in die Mischreibung war typisch für kanalartige Texturierungen, wie bei einer Normalkrafterhöhung von 2 auf 10 N in den Abbildungen 3.16 und 3.25 zu sehen ist. Zu dem gleichen Ergebnis kam auch Suh [100] bei sehr ähnlichen Bedingungen, nämlich Pressungen von 1,6 MPa, Gleitgeschwindigkeiten bis 0,32 m/s und Paraffinöl im einsinnigen Pellet/Scheibe Kontakt. Die Flüssigkeitsreibung begünstigende Wirkung von Näpfchen-Texturierungen geht mit einer Steigerung der Tragfähigkeit einher, die Fowell auf einen Ansaugmechanismus von Öl durch Kavitationsgebiete zurückführte [122]. Im Hinblick auf den Einsatz einer

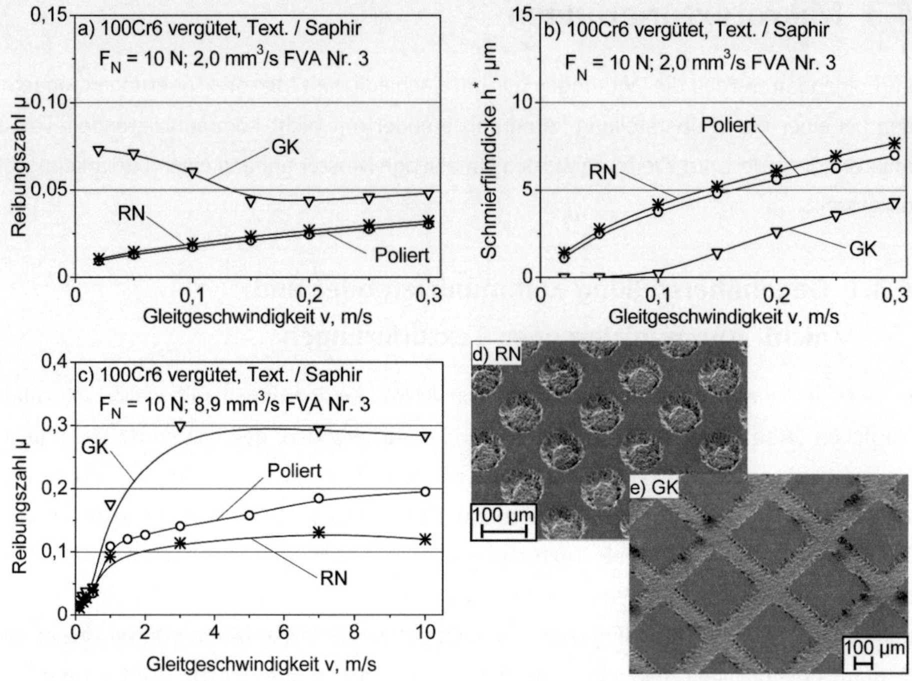

Abb. 4.6: Gleitgeschwindigkeitsabhängige Verläufe (a, c) der Reibungszahl und (b) der Schmierfilmdicke mit 100Cr6/Saphir Paarungen mit 50 % (d) runden Näpfchen und (e) gekreuzten Kanälen jeweils der Tiefe von 10 µm und dem Durchmesser bzw. Breite
von 100 µm texturierten Pellets im Vergleich zur nur polierten Paarung (a, b) im „In
situ-Tribometer" und (c) in der UMT3 (F_N = 10 N, FVA-Öl Nr. 3).

Texturierung bei Friktionspaarungen, d. h. bei der Forderung nach einer hinreichend hohen
Reibungszahl, spielten in der vorliegenden Arbeit die weniger gut erforschten, kanalartigen
Texturmuster eine bedeutendere Rolle.

In Abb. 4.7 sind die Reibungszahl- und Schmierfilmdickenverläufe von 100Cr6/Saphir
Paarungen mit parallelen Kanälen unter 0, 45, 90 und 135 ° Orientierung zur Gleitrichtung und gekreuzten Kanälen bei einer Normalkraft von 5 N aufgetragen. Als Referenz
sind die Werte von polierten, untexturierten Pellets dargestellt. Die Paarungen mit parallelen Kanälen unter dem Winkel von 135 ° und gekreuzten Kanälen ergaben deutlich
niedrigere Schmierfilmdicken als die mit 45 und 90 ° orientierten, parallelen Kanälen bzw.
die texturlose Referenzpaarung (Abb. 4.7b). Paarungen mit parallelen Kanälen unter 0 °
zeigten mittlere Schmierfilmdicken, d. h. größere Werte als die Paarungen mit parallelen
Kanälen unter 135 ° und mit gekreuzten Kanälen, aber kleinere Werte als die polierte

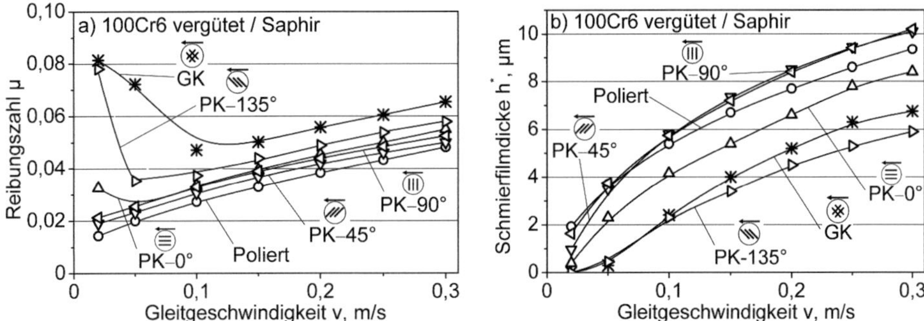

Abb. 4.7: (a) Reibungszahl- und (b) Schmierfilmdickenverläufe von 100Cr6/Saphir Paarungen mit 0, 45, 90 und 135 ° zur Gleitrichtung orientierten, parallelen (PK) und gekreuzten Kanälen (GK) texturierten Pellets (a_{tex} = 50 %, w = 100 μm, d = 10 μm) im Vergleich zur nur polierten Paarung (F_N = 5 N, 2,0 mm^3/s FVA-Öl Nr. 3, Pfeile geben die Gleitrichtung an).

Referenz und Paarungen mit den 45 und 90 ° orientierten parallelen Kanälen. Im Reibungszahlverlauf zeigte die Paarung mit gekreuzten Kanälen die höchsten Werte, gefolgt von den Paarungen mit den parallelen Kanälen unter 135 und 0 °. Diese Texturen verursachten auch die niedrigsten Schmierfilme und bei Gleitgeschwindigkeiten von 0,10 bzw. 0,05 m/s einen Übergang in die Mischreibung. Durchweg Flüssigkeitsreibung mit niedrigen Reibungszahlen und hohen Filmdicken zeigten die untexturierte Referenz und die Paarungen mit parallelen 45 und 90 ° Kanälen. Letztere wiesen oberhalb von 0,10 m/s ähnliche und größere Schmierfilmdicken auf als die nur polierte Paarung. Offensichtlich reduzierten die parallelen Kanäle unter 135 °, durch Begünstigung des Abfließens von Schmiermittel, die im Kontakt zur Verfügung stehende Ölmenge und verursachten somit niedrigere Schmierfilmdicken. Die Texturierung mit gekreuzten Kanälen reduzierte den Schmierfilm in ähnlichem Maße wie die parallelen Kanäle unter 135 °, weswegen hier ebenfalls von begünstigtem Abfließen von Schmiermittel ausgegangen werden konnte. Parallele Kanäle in 0 ° Orientierung verursachten den geringsten Ölabfluss, weil sie die Filmdicke weniger reduzierten als die 135 ° orientierten parallelen bzw. die gekreuzten Kanäle. Im Gegensatz dazu schränkten die 45 und 90 ° orientierten, parallelen Kanäle den Ölabfluss ein, wodurch die Schmierfilmdicke über die Werte der untexturierten Referenz zunahm.

Noch größere Schmierfilmdicken wurden bei Paarungen mit konvergenten Kanälen gemessen (Abb. 3.28), die aufgrund ihrer 0 ° Orientierung eigentlich ein Abfließen von Öl und damit niedrigere Schmierfilmdicken als die untexturierte Referenz verursachen sollten. Offensichtlich kann die Schmierfilmdicke durch stauende Texturelemente in Strömungsrichtung erhöht werden. Zu diesem Ergebnis kam auch Costa [114] mit einem Fischgrätenmuster (Abb. 1.8e). Das Strömen von hochviskosem Öl durch parallele Kanäle unter 0 ° zur Gleitrichtung wurde mit Hochgeschwindigkeitsaufnahmen (Abb. 3.33) bestätigt, was das Modell vom Ölabfließen unterstützt.

4.3.2 Texturkenngröße

Die vorgestellten Ergebnisse aus Laborversuchen zeigen, dass das Reibungsverhalten der polierten, ebenen Wirkfläche von Stahlpellets durch eine Mikrotexturierung im Öl geschmierten Gleitkontakt mit polierten Saphirscheiben stark beeinflusst werden kann. Je nach Texturparameter (a_{tex}, w, d) kam es mit abnehmender Gleitgeschwindigkeit und steigender Normalkraft zum Übergang von Flüssigkeits- zu Mischreibung. Bezeichnet $\beta_s = (A_s/A_0)$ den Flächenanteil an Festkörperkontakt, so ergibt sich ein einfacher Ansatz für die Reibungszahl μ_{mix} unter Mischreibung

$$\mu_{mix} = \beta_s \cdot \mu_{coul} + (1 - \beta_s) \cdot \mu_{hyd} \tag{4.5}$$

Hierbei beschreibt μ_{coul} die Festkörper- und μ_{hyd} die Flüssigkeitsreibung. Nachfolgend wird zunächst nur die Flüssigkeitsreibung mit $\beta_s = 0$ betrachtet. Wird als Modell für den Pellet/Scheibe-Kontakt von dem Druckaufbau in einem hydrodynamischen Keilspalt zwischen zwei ebenen Platten ausgegangen, so lässt sich für den Fall polierter Wirkflächen die hydrodynamisch erzeugte Schmierfilmdicke h_{pol} und die Reibungszahl μ_{pol} als Funktion der Ölviskosität, der Gleitgeschwindigkeit, der Normalkraft sowie geometrischer Abmessungen abschätzen (s. Gl. 1.20 mit $h_0 = h_{pol}$, $\mu = \mu_{pol}$).

In Kap. 4.3.1 wurde bei Gleitgeschwindigkeiten bis 0,30 m/s im "In situ-Tribometer" experimentell bestätigt, dass das in der Kontaktfläche vorhandene Ölvolumen ($V_{Öl} = A_0 \cdot h_{pol}$) durch das Einbringen gekreuzter Kanäle teilweise über die Kanäle abströmt. Der abfließende Volumenstrom kann proportional zum Ölfassungsvermögen der Kanäle $V_{tex} = A_0 \cdot a_{tex} \cdot d$ angenommen werden. Dadurch wurde die Schmierfilmdicke h im Vergleich zur hydrodynamisch auf der polierten Wirkfläche ohne Textur erzeugten Schmierfilmdicke (h_{pol}) reduziert und die Reibungszahl bei Flüssigkeitsreibung μ_{hyd} im Vergleich zu derjenigen nur polierter Wirkflächen μ_{pol} erhöht. Hieraus lässt sich als erste Näherung folgender Ansatz zur Beschreibung des Einflusses der Kanaltextur auf die Schmierfilmdicke und Reibungszahl bei Flüssigkeitsreibung $\beta_s = 0$ aufstellen:

$$h \propto \frac{V_{\ddot{O}l} - V_{tex}}{V_{\ddot{O}l}} \cdot h_{pol} \quad \propto \quad \left(1 - \frac{a_{tex} \cdot d}{h_{pol}}\right) \cdot h_{pol} \tag{4.6}$$

$$\mu_{hyd} \propto \frac{h_{pol}}{h} \cdot \mu_{pol} \quad \propto \quad \frac{1}{1 - \dfrac{a_{tex} \cdot d}{h_{pol}}} \cdot h_{pol} \tag{4.7}$$

Die Schmierfilmdicke h_{pol} symbolisiert den bei der nur polierten Referenzpaarung in Abhängigkeit von der Normalkraft gemessenen Wert des sich hydrodynamisch einstellenden Schmierspalts, der 7,0 µm bei $F_N = 10$ N betrug. a_{tex} und d bezeichnen den Anteil bzw. die Tiefe der Kanäle auf der Pelletfläche.

In Abb. 4.8a und 4.8b werden diese theoretischen Beziehungen mit den experimentellen Ergebnissen an den Paarungen mit nur poliertem und den mit gekreuzten Kanälen texturierten Stahlpellets im Öl geschmierten Gleitkontakt gegen Saphirscheiben verglichen. In die experimentelle Datenbasis gingen 19 verschiedene Paarungen ein, die sich in dem Flächenanteil an gekreuzten Kanälen, der Kanaltiefe und Kanalbreite unterschieden. Berücksichtigt wurden alle Paarungen, selbst jene, bei denen bei der gezeigten Gleitgeschwindigkeit von 0,30 m/s die gemessene Schmierfilmdicke h^* deutlich unter 1 µm lag und somit die Bedingung $\beta_s = 0$ nicht mehr erfüllt wurde. Dies zeigte sich durch ein auf zwei Äste aufgespaltetes Reibungsverhalten (Abb. 4.8a), wobei die Grenze der beiden Äste mit dem Schnittpunkt der Regressionsgeraden des Schmierfilmdickenverlaufs (durchgezogene Linie, Abb. 4.8b) mit der Abszisse zusammenfiel. Der vom Schnittpunkt links liegende Bereich erfüllte somit die Bedingung $\beta_s = 0$. Berücksichtigt man die Streuung experimenteller Daten, so zeigt dieser Bereich eine gute Korrelation zwischen Theorie und Experiment.

Am Abszissenschnittpunkt (Abb. 4.8b) gilt $a_{tex} \cdot d = h_{pol}$, d. h. das verfügbare Ölvolumen zur Aufrechterhaltung einer Schmierfilmdicke wird durch die Kanäle komplett abgeführt. Mit einem Wert von etwa 12,5 µm liegt der Abszissenschnittpunkt um 79 % höher als der Sollwert h_{pol} mit 7,0 µm. Dies bedeutet, dass weniger Schmiermittel abgeführt wurde, als mit einem texturierten Volumen von $V_{tex} = A_0 \cdot a_{tex} \cdot d$ in Gl. 4.6 angenommen. Diese Abschätzung bezieht sich auf einen rechteckigen Kanalquerschnitt. Wie Ergebnisse von Messungen in Abb. 3.3 zeigen, ist das Querschnittsprofil in der Realität eher trapezförmig mit einem Flankenwinkel $\epsilon \approx 55\,°$.

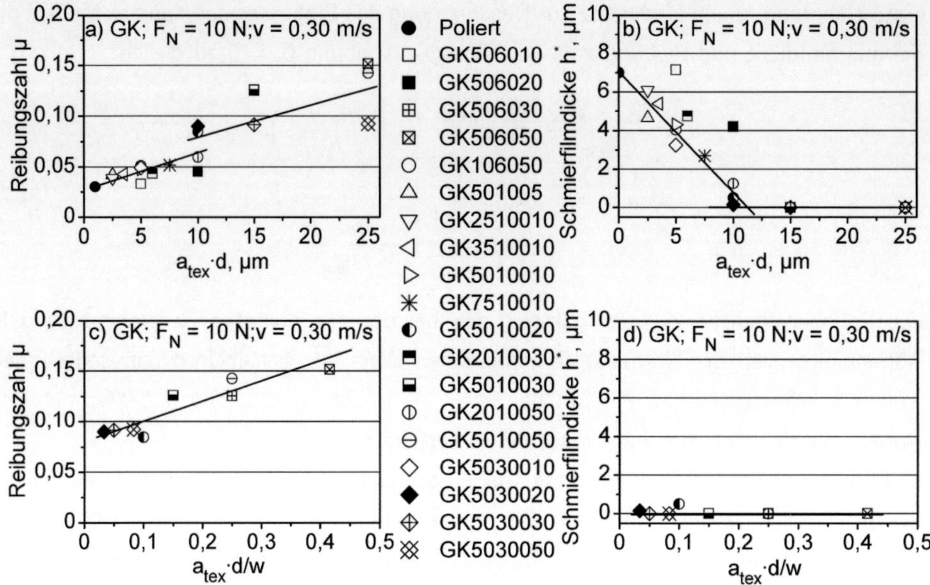

Abb. 4.8: (a, c) Reibungszahlen und (b, d) Schmierfilmdicken von 19 im „In situ-Tribometer" untersuchten 100Cr6/Saphir Paarungen mit unterschiedlichen Texturierungen mit gekreuzten Kanälen und der nur polierten Referenzpaarung aufgetragen über die Kenngrößen (a, b) $a_{tex} \cdot d$ und (c, d) $a_{tex} \cdot d/w$ ($F_N = 10$ N, $v = 0{,}30$ m/s, 2,0 mm³/s FVA-Öl Nr. 3.

Der Geometriefaktor k verknüpft das wahre texturierte Volumen V_{Trapez} mit dem idealen Kanalvolumen V_{tex} mit rechteckigem Querschnitt.

$$k = \frac{V_{Trapez}}{V_{tex}} \qquad (4.8)$$

In Abb. 4.9 wird dieser Sachverhalt schematisch dargestellt und die formelle Abhängigkeit des k-Werts von den involvierten Größen, der Kanalbreite w, der Kanaltiefe d und dem Flankenwinkel ϵ, für das Texturmuster mit gekreuzten Kanälen berechnet. k kann Werte zwischen 0,5 und 1 annehmen, wobei $k = 0{,}5$ einer Entartung des Kanalquerschnitts zum Dreiecksprofil entspricht. Der Abszissenschnittpunkt liegt in Abb. 4.8b folglich bei einem Wert von $a_{tex} \cdot d = h_{pol}/k$. Mit $a_{tex} \cdot d = 12{,}5$ µm und $h_{pol} = 7{,}0$ µm entspricht das einem k-Wert von 0,56. Die beiden, zu den Paarungen mit GK506010 und GK506020 texturierten Pellets gehörenden, Ausreißer (Abb. 4.8b) ließen sich mit der vom Rechteckprofil abweichenden Kanalform nicht erklären, da der Abszissenabschnitt einer durch die

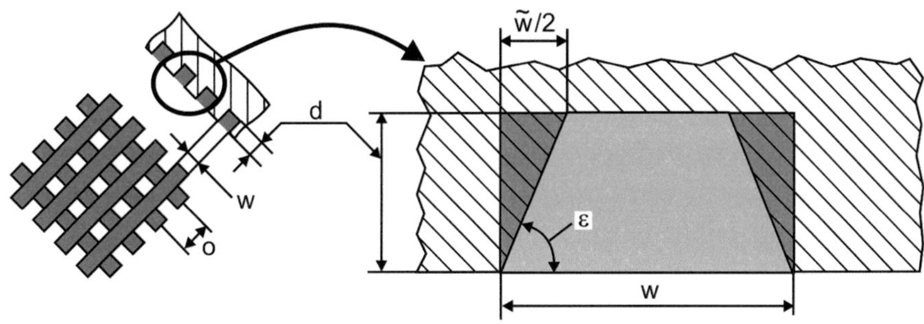

$$k = \frac{2w^2 a_{tex} - 2\tilde{w}^2 + 2\tilde{w}^2\sqrt{1-a_{tex}} + \tilde{w}^2 a_{tex} - 2w\tilde{w}\sqrt{1-a_{tex}} + 2w\tilde{w} - 2w\tilde{w}a_{tex}}{2w^2 a_{tex}}$$

$$\tilde{w} = \frac{2d}{\tan\epsilon}$$

$$(4.9)$$

Abb. 4.9: Schematische Darstellung des trapezförmigen Kanalquerschnitts der Breite w, der Tiefe d und dem Flankenwinkel ϵ. Der Geometriefaktor k berücksichtigt die Verringerung des Kanalvolumens durch vom rechten Winkel abweichende Flankenwinkel.

beiden Punkte gezeichneten Geraden einem k-Wert von 0,4 entspräche, der theoretisch nicht möglich ist. Vielmehr führten bei den 60 μm breiten und 10 - 20 μm tiefen Kanälen die Rauheiten der Kanäle (Abb. 3.3c) zu einer weiteren Behinderung des Ölabflusses, wodurch ähnlich den Paarungen mit unter 45 ° orientierten, parallelen Kanälen texturierten Pellets die Schmierfilmdicke im Vergleich zur untexturierten Kontaktfläche erhöht wurde und die Reibungszahl einen der untexturierten Referenz ähnlichen Wert annahm.

Das Reibungsverhalten (Abb. 4.8a) im rechten Ast ($\beta_s \neq 0$) wurde durch die Kenngröße $a_{tex} \cdot d$ nicht zufrieden stellend wiedergegeben. Offensichtlich zeigten die Messwerte in diesem Bereich eine Abhängigkeit von der Kanalbreite w, während im Bereich $\beta_s = 0$ die Kanalbreite keinen direkten Einfluss zu haben schien. In Abb. 4.8c und 4.8d wurden die Messpunkte für $\beta_s \neq 0$ über eine die Kanalbreite berücksichtigende Kenngröße $a_{tex} \cdot d/w$ aufgetragen. Die gemessenen Reibungszahlen in Abb. 4.8c zeigten einen nahezu linearen Zusammenhang mit dieser Kenngröße, die in linearer Näherung dem Quotienten aus der Kanaltiefe d und dem mittleren Texturabstand $o \approx 2 \cdot w/a_{tex}$ proportional ist (s. Abb. 2.3e mit $\sqrt{1-a_{tex}} \approx 1 - a_{tex}/2$). Der mittlere Texturabstand o beinhaltet indirekt die Plateaubreite. Daher ist die Reibung (Abb. 4.8c) umgekehrt proportional zur Plateaubreite. Dies bestätigen die Ergebnisse in Kap. 4.1, wo die Reibungszahlerhöhung texturierter Paarungen im Vergleich zu untexturierten Wirkflächen für $\beta_s \neq 0$ bereits mit der Benetzung der Plateaus verknüpft wurde. Der Reibungswiderstand an den Kanalwänden wurde als die Reibungszahlerhöhung vom instationären zum stationären Zustand identifiziert (Abb. 3.6a) und machte nur 10 % der stationären Reibungszahl aus (s. Kap. 4.1), also etwa 0,01. Mit computergestützten Simulationen wurde ein viskoser Reibungswiderstand von 0,11 N bei 0,30 m/s berechnet (Zeile 3, Tab. 3.3), was bezogen auf eine Normalkraft von 10 N eine Reibungszahl von 0,011 ergibt und gut mit dem Experiment übereinstimmt. Jedoch zeigten die Simulationen mit sinkender Kanalbreite, was bei konstantem Flächenanteil eine abnehmende Plateaubreite bedeutet, sinkende

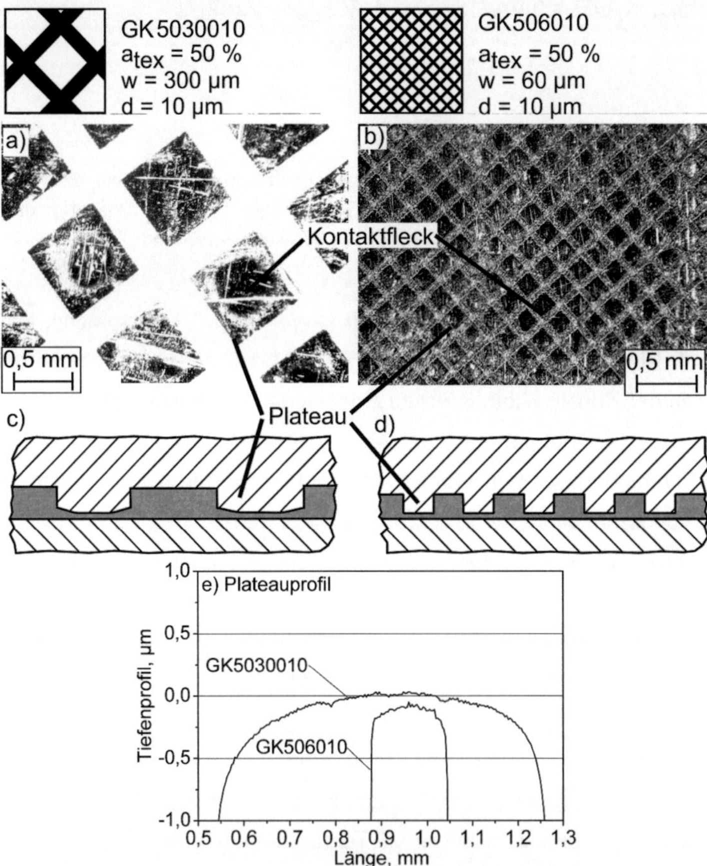

Abb. 4.10: Aufnahmen texturierter Kontaktflächen von 100Cr6/Saphir Paarungen im „In situ-Tribometer" mit den Texturen (a) GK5030010 und (b) GK506010 im Stillstand bei einer Normalkraft von 10 N sowie (c, d) schematische Darstellung dieser Tribokontakte und (e) die Plateauprofile aus Tastschnitten.

Reibungswiderstände. Dies war konträr zu den tribologischen Messungen, wodurch die Reibungszahlerhöhung nicht auf den viskosen Reibungswiderstand zurückgeführt werden konnte. Eine Erklärung der Reibungszahlerhöhung durch Kapillarkräfte in der Kontaktfläche konnte durch Messungen der Abhebekraft bis 0,30 m/s ausgeschlossen werden, denn selbst bei divergenten Kanälen war die Abhebekraft generell geringer als die der nur polierten Referenzpaarung (Abb. 3.8 und 3.29).

Als Ansatzpunkt zur Erklärung der Reibungszahlerhöhung zeigt Abb. 4.10 Ausschnitte texturierter Kontaktflächen mit breiten (GK5030010)und schmalen Plateaus (GK506010) im statischen Kontakt bei einer Normalkraft von 10 N ohne Ölzugabe zur Beobachtung der Newtonschen Ringe (Abb. 4.10a, b). Diese geben Auskunft über die Ausbildung der wahren Kontaktfläche. Bei breiten Plateaus stand nur der zentrale Bereich der Plateaufläche im direkten Kontakt mit dem Reibpartner, während die restliche Fläche einen Keilspalt bildete wie Abb. 4.10c verdeutlicht. Dies wurde durch ihr Profil hervorgerufen, das Abb. 4.10e aus einem Tastschnitt zeigt. So erlangten sie eine gewisse Tragfähigkeit und verhielten sich tribologisch ähnlich der nur polierten Kontaktfläche. Die schmalen Plateaus standen durch ihr flaches Profil (Abb. 4.10e) nahezu komplett in Kontakt mit der Scheibe (Abb. 4.10b, d) und bildeten keinen Keilspalt aus. So stellten sie viele kleine Mikrokontakte dar, die nach der Theorie der Mikrohydrodynamik (Kap. 1.2.1) einen zusätzlichen Beitrag zur Reibung durch Schmiermittelscherung machen [46].

Zur Überprüfung der Übertragbarkeit der Modelle auf höhere Gleitgeschwindigkeiten zeigt Abb. 4.11 eine Auftragung der im Labortribometer UMT3 bei 0,3, 3,0 und 10,0 m/s an 9 Paarungen mit gekreuzten Kanälen texturierten Pellets und der nur polierten Referenzpaarung ermittelten Reibungszahlen über die Texturkenngröße $a_{tex} \cdot d$. In Übereinstimmung mit den Ergebnissen aus Versuchen im „In situ-Tribometer" in Abb. 4.8 lagen die Reibungszahlen auf zwei unterschiedlichen Ästen (Abb. 4.11a), die von links nach rechts als Bereiche mit $\beta_s = 0$ und $\beta_s \neq 0$ identifiziert wurden. Außerdem zeigten gleiche Paarungen auch in etwa gleiche Werte in beiden Tribometern. Die Grenze zwischen den Bereichen $\beta_s = 0$ und $\beta_s \neq 0$ lag zwischen 5 und 10 (Abb. 4.11a) und somit etwas niedriger als bei den Versuchen im „In situ-Tribometer", was eine niedrigere Schmierfilmdicke h_{pol} in UMT3-Versuchen bedeutete. Damit in Einklang lag die Paarung mit der Textur GK2010050 bei den offensichtlich schlechteren Schmierungsverhältnissen im UMT3-Tribometer auf dem rechten Ast für $\beta_s \neq 0$ (Abb. 4.11a), während diese Paarung im „In situ-Tribometer" auf dem linken Ast für $\beta_s = 0$ lag (vgl. Abb. 4.8a). Das bedeutete, dass das texturierte Volumen im UMT3-Tribometer das verfügbare Schmiermittel

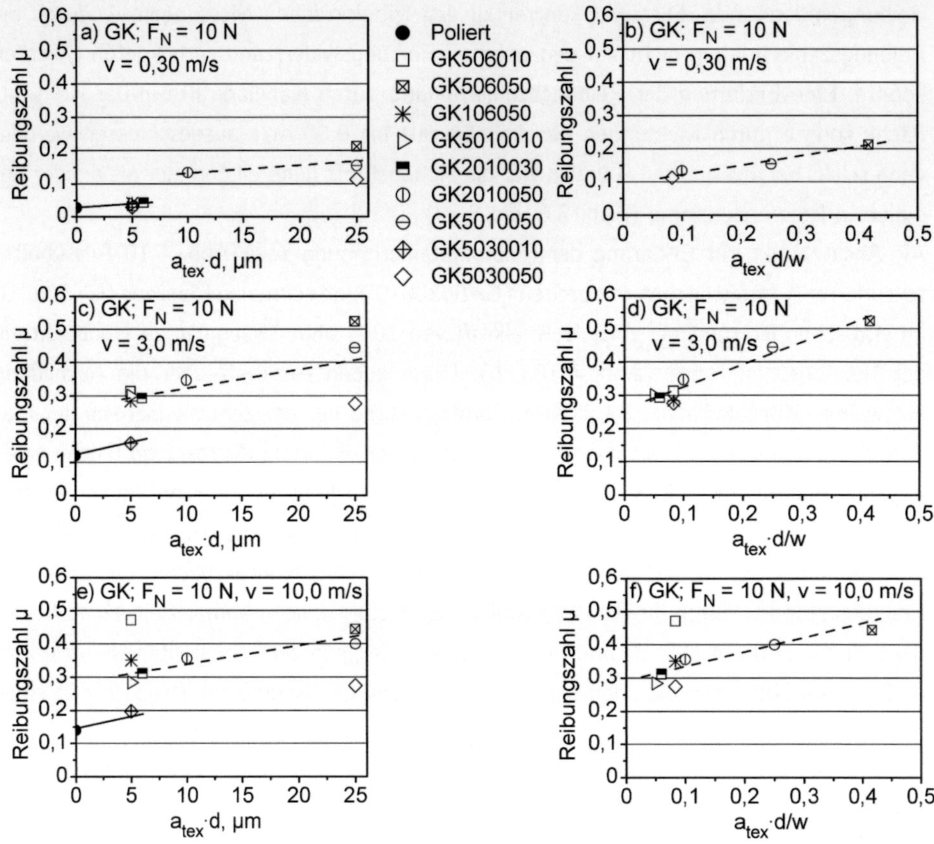

Abb. 4.11: Reibungszahlen von 100Cr6/Saphir Paarungen aus „UMT3"-Versuchen über die Texturkenngröße (a, c, e) $a_{tex} \cdot d$ und (b, d, f) $a_{tex} \cdot d/w$ bei (a, b) 0,3 m/s, (c, d) 3,0 m/s und (e, f) 10,0 m/s (F_N = 10 N, 8,9 mm^3/s FVA-Öl Nr. 3).

komplett abführte, nicht jedoch im „In situ-Tribometer". Bei einer Geschwindigkeitserhöhung auf 3,0 m/s (Abb. 4.11c) stiegen die Reibungszahlen generell an. Außerdem wechselten einige Messpunkte vom linken zum rechten Ast, also vom Bereich der Flüssigkeitreibung zur Mischreibung. Dies unterstützt die Ergebnisse aus Kap. 4.2, wo für untexturierte Paarungen bei hohen Gleitgeschwindigkeiten durch Abschleudern und Ansammeln von Öl an der Pellethalterung dünne Schmierfilmdicken postuliert wurden. Bei 10,0 m/s (Abb. 4.11e) blieb die Anordnung der Punkte in etwa gleich, bei Texturen mit schmalen (60 μm) Kanälen stiegen die Reibungszahlen an, und bei breiten (300 μm) Kanälen fielen sie eher ab. Dies wird auf den größeren Temperatureinfluss zurückgeführt.

In Abb. 4.11b, 4.11d und 4.11f wurden die Paarungen mit $\beta_s \neq 0$ über der Textur-kenngröße $a_{tex} \cdot d/w$ aufgetragen. Wie in Versuchen im „In situ-Tribometer" zeigten die Reibungszahlen einen linearen Anstieg. Die Plateaubreite ergibt sich aus der Differenz des mittleren Texturabstands o minus der Kanalbreite w mit $o = w/(1 - \sqrt{1 - a_{tex}})$. Die Reibungszahlen der Paarungen mit Texturen mit den gleichen Plateaubreiten und Texturtiefen (GK5030050, GK106050) lagen bei 3,0 m/s übereinander (Abb. 4.11d). Bei 10,0 m/s in Abb. 4.11f wurde die Steigung der Ausgleichsgeraden wieder flacher, und die Streuung nahm aufgrund des stärkeren Temperatureinflusses zu. Die auf Basis von Versuchen im „In situ-Tribometer" entwickelten Modelle konnten somit auf Versuche im UMT3-Tribometer übertragen und ihr Geltungsbereich auf Gleitgeschwindigkeiten bis 10,0 m/s ausgeweitet werden. Abb. 4.12 zeigt analoge Auftragungen über die beiden Texturkenngrößen mit Messwerten von Paarungen mit parallelen Kanälen unter 0 ° Orientierung texturierter Pellets. Es ergab sich eine gute Übereinstimmung der Messwerte

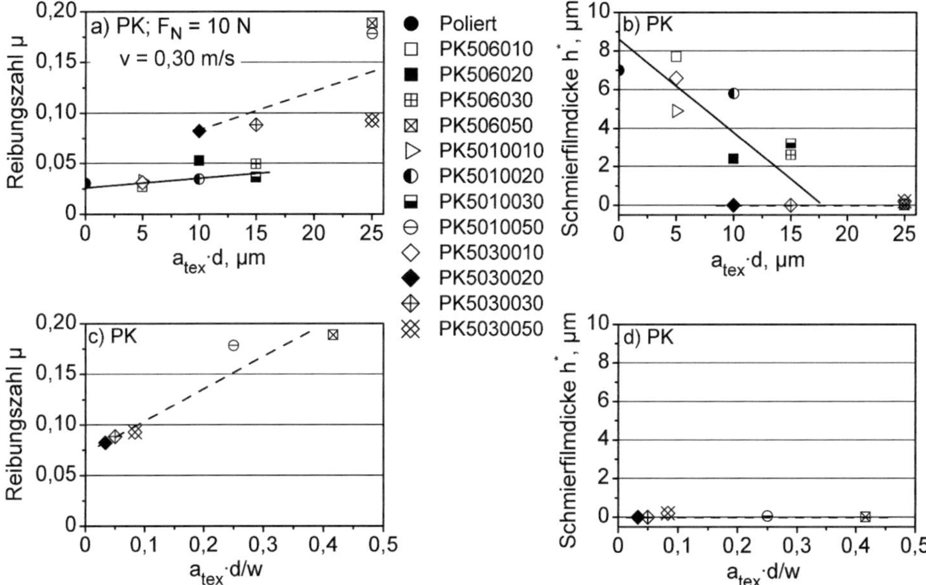

Abb. 4.12: (a, c) Reibungszahlen und (b, d) Schmierfilmdicken von Versuchen im „In situ-Tribometer" von 100Cr6/Saphir Paarungen mit 12 unterschiedlichen Texturierungen mit parallelen Kanälen unter 0 ° Orientierung und der nur polierten Referenz über die Kenngrößen (a, b) $a_{tex} \cdot d$ und (c, d) $a_{tex} \cdot d/w$ (F_N = 10 N, v = 0,30 m/s, 2,0 mm³/s FVA-Öl Nr. 3).

in Abb. 4.12a und 4.12b mit dem theoretischen Modell, ähnlich wie bei den Paarungen mit gekreuzten Kanälen (4.8a, b). Wie in Kap. 4.3.1 diskutiert wurde, verursachten Paarungen mit parallelen Kanälen unter 0 ° zur Gleitrichtung ein geringeres Ölabfließen als gekreuzte Kanäle. Dies zeigt sich in einem größeren Abszissenabschnitt von 17,5 μm. Weil der theoretische Ansatz jedoch auf dieser Ölabfuhr basiert, entstanden bei der Schmierfilmdicke (Abb. 4.12b) größere Abweichungen. Der lineare Reibungszahlverlauf im Mischreibungsgebiet (Abb. 4.12c) stimmte gut mit der Texturkenngröße überein.

4.4 Kontakttemperaturen

Im folgenden Kapitel werden die gemessenen Kontakttemperaturen der Versuche mit nur polierten und texturierten Paarungen getrennt diskutiert. Die gemessenen Temperaturen stellten aufgrund der Entfernung des Thermoelements zur Pelletkontaktfläche von 0,2 mm nur einen Anhaltspunkt für die wahre Kontakttemperatur dar.

4.4.1 Versuche mit untexturierten Paarungen

Weil die eingebrachte Reibungsenergie proportional zur Reibungszahl ist, wurden in Abb. 4.13a die gemessenen Kontakttemperaturerhöhungen aus Abb. 3.11b auf die Reibungszahlen aus Abb. 3.11a normiert und über dem Produkt $\sqrt{F_N} \cdot v$ aus Gl. 1.10 für $Pe \ll 1$

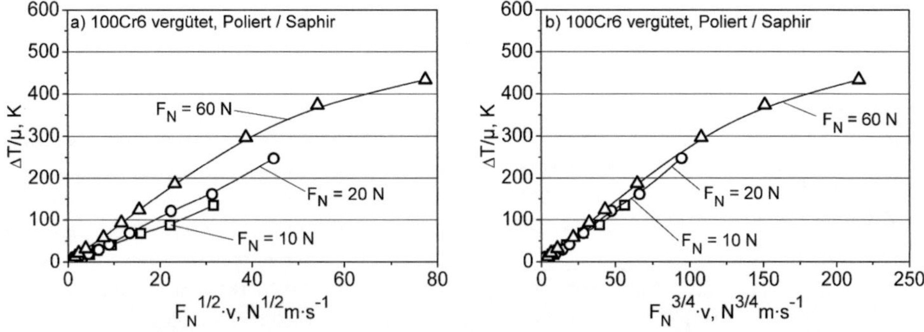

Abb. 4.13: Auf die Reibungszahl normierte Temperaturerhöhung untexturierter 100Cr6/Saphir-Paarungen aus Versuchen im UMT3-Tribometer über einem Produkt aus der Gleitgeschwindigkeit und (a) der Wurzel aus der Normalkraft und (b) der Normalkraft hoch 3/4 bei unterschiedlichen Normalkräften (F_N = 10, 20, 60 N, 8,9 mm³/s FVA-Öl Nr. 3, R=18 mm, D=7,2 mm und D_0=10 mm).

aufgetragen. In Abb. 4.13a folgen die Kurven gut einem linearen Verlauf, zeigen jedoch mit der Normalkraft wachsende Steigungen. Dies wies auf einen stärkeren Einfluss der Normalkraft hin. Offensichtlich lagen die Kurven nahezu übereinander, wenn der Normalkrafteinfluss auf $F_N^{3/4}$ wie in Abb. 4.13b erhöht wurde. Dies entspräche näherungsweise dem elastischen Kontaktmodell von Archard mit $A_r \propto F_N^{2/3}$ [151] bei Peclet-Zahlen $Pe < 0{,}1$ mit einer Abweichung des Exponenten um 12 %. Abb. 4.14a zeigt den Einfluss des Pelletdurchmessers, welcher bezüglich des Temperaturverhaltens offenbar eine untergeordnete Rolle spielte. Die leicht niedriger liegenden Werte bei der Paarung mit größerem Pellet resultierten eventuell aus einer leicht größeren Fläche, die vom Öl angeströmt wurde und damit einen gewissen Wärmeabtransport gewährleisten konnte.

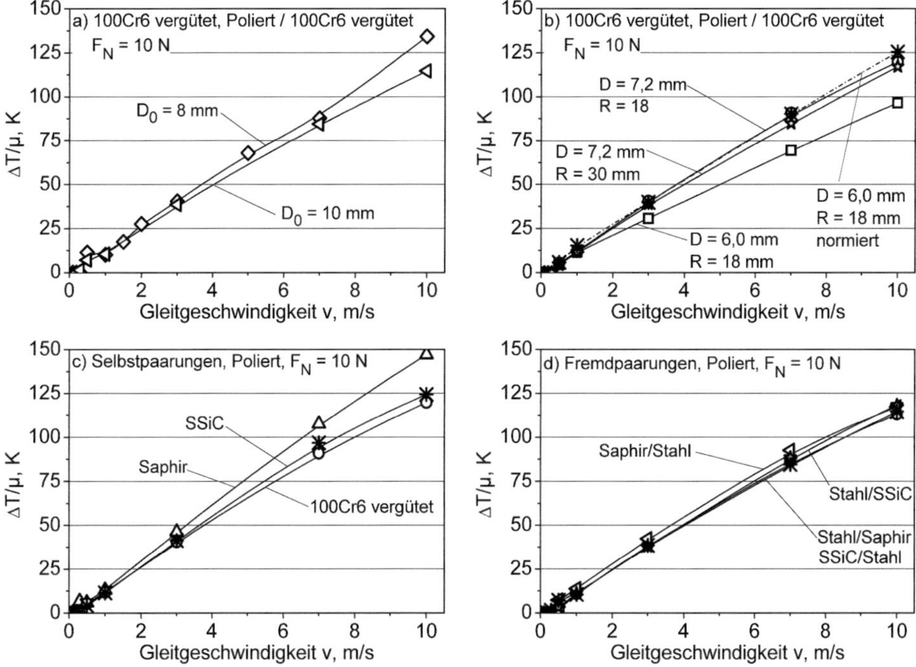

Abb. 4.14: Auf die Reibungszahl normierte Temperaturerhöhung untexturierter Paarungen aus Versuchen im UMT3-Tribometer aufgetragen über die Gleitgeschwindigkeit mit unterschiedlichen (a) Pelletdurchmessern D_0, (b) Kontaktflächendurchmessern D und Spurradien R, mit der Paarung (a, b) 100Cr6/100Cr6, (c) SSiC, 100Cr6 und Saphir in Selbstpaarung und (f) Keramik/Stahl und Stahl/Keramik mit SSiC und Saphir ($F_N = 10$ N, 8,9 mm³/s FVA-Öl Nr. 3, ohne Beschriftung gilt R=18 mm, D=7,2 mm und D_0=10 mm)

Den Einfluss des Kontaktflächendurchmessers und des Spurradius zeigt Abb. 4.14b. Die mit unterschiedlichen Spurradien ermittelten Kurven zeigten gute Übereinstimmung, so dass ein Einfluss auf das Temperaturverhalten ausgeschlossen werden konnte. Jedoch waren die Reibungszahlen im Übergangsbereich (Abb. 3.14), wo sich ein dünner Schmierfilm aufgrund der Änderung der Pelletumströmung einstellte (vgl. Kap. 4.2), geringer. Dies wurde darauf zurückgeführt, dass die wirkenden Fliehkräfte, in ihrem Betrag ungefähr halb so groß waren wie die beim Standardspurradius von 18 mm und damit bei 3,0 m/s mehr Öl im Kontakt gehalten wurde. Die mit unterschiedlichen Kontaktflächendurchmessern durchgeführten Versuche weichen deutlich voneinander ab, wobei der kleinere Flächendurchmesser um den Faktor 0,77 kleinere Werte zeigte. Dies entspricht mit einer Abweichung von etwa 10 % dem Verhältnis der beiden Kontaktflächen (0,69). Die um diesen Faktor skalierte Kurve ist als strichpunktierte Linie in Abb. 4.14b zu erkennen.

Die nur polierten SSiC und Stahl-Selbstpaarungen (Abb. 4.14c) zeigten ein ähnliches Verhalten, während die Saphir-Selbstpaarung deutlich höhere Werte als die anderen beiden lieferte. Dies bedeutete, dass sich bei Letzterer der Kontakt durch einen hohen Anteil an Festkörperreibung überproportional zur Reibungszahl erwärmte. Bei den nur polierten Fremdpaarungen (Abb. 4.14d) wurden keine aussagekräftigen Unterschiede festgestellt.

4.4.2 Versuche mit texturierten Paarungen

In Abb. 4.15a wurden die normierten Temperaturerhöhungen von 100Cr6/Saphir Paarungen mit unterschiedlichen Texturmustern, jeweils 50 % runde Näpfchen bzw. gekreuzte Kanäle mit den gleichen Maßen ($w = 100$ µm, $d = 10$ µm), einander gegenübergestellt. Durch die Normierung wurde die durch eine Erhöhung der Reibungszahl hervorgerufene Temperaturerhöhung berücksichtigt. Offensichtlich lagen die ermittelten Werte der Paarung mit runden Näpfchen höher als die Referenzpaarung ohne Texturierung und die Werte des Tribopaars mit gekreuzten Kanälen texturiertem Pellet deutlich niedriger als die untexturierte Referenz. Der erreichte Kühleffekt durch Texturierung mit gekreuzten Kanälen wurde als Konsequenz der Durchströmung angesehen.

Abb. 4.15 zeigt den Einfluss der Kanalbreite (Abb. 4.15b), des texturierten Flächenanteils (Abb. 4.15c) und der Kanaltiefe (Abb. 4.15d) auf die Kontakttemperatur. Offensichtlich entfiel der Kühleffekt bei 300 µm breiten Kanälen, außer bei 10,0 m/s, und durch 60 µm breite Kanäle wurde er verbessert (Abb.4.15b), ebenso wie durch Steigerung des texturierten Flächenanteils (Abb. 4.15c) oder der Kanaltiefe (Abb. 4.15d). Bei den schmalen Kanälen brachte eine größere Tiefe jedoch keine weitere Verbesserung (vgl. GK506010 Abb. 4.15b mit GK506050 Abb. 4.15c). Abb. 4.15e zeigt den Einfluss des Materials

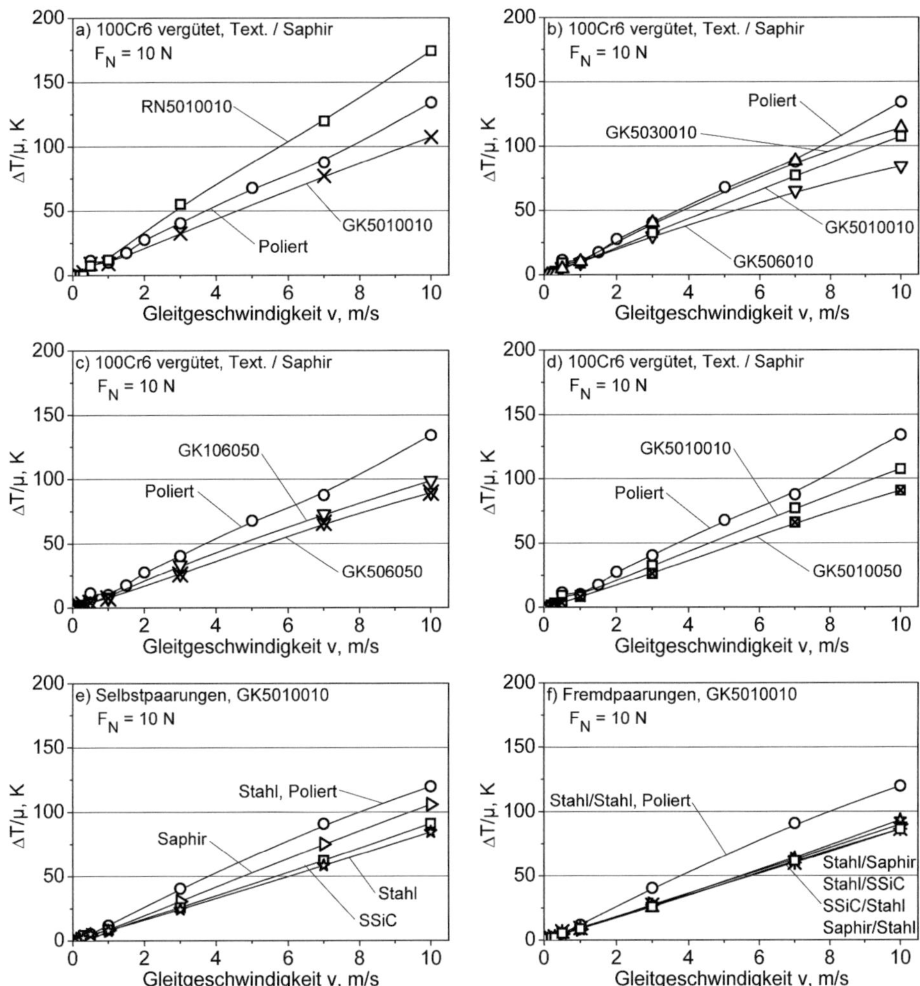

Abb. 4.15: Auf die Reibungszahl normierte Temperaturerhöhung über die Gleitgeschwindigkeit (a-d) mit unterschiedlichen Mustern texturierte Stahlpellets in Paarung mit einer Saphirscheibe sowie (e) SSiC, 100Cr6 und Saphir Selbstpaarungen und (f) Keramik/Stahl und Stahl/Keramik Fremdpaarungen mit Saphir und SSiC mit jeweils gekreuzten Kanälen (a_{tex} = 50 %, w = 100 µm, d = 10 µm) texturierten Pellets aus Versuchen im UMT3-Tribometer (F_N = 10 N, 8,9 mm³/s FVA-Öl Nr. 3).

unter Selbstpaarung auf die Kühlwirkung der Texturierung GK5010010 im Vergleich zur nur polierten Stahl-Selbstpaarung. Hierbei zeichnete sich eine bessere Wirkung der Stahl- und SSiC-Paarungen ab im Vergleich zum Saphir/Saphir-Paar. Im Gegensatz dazu konnten bei den Fremdpaarungen keine Unterschiede ausgemacht werden (Abb. 4.15f).

Die Wärmeleitungsphänomene beim Pellet/Scheibe-Kontakt sind relativ komplex, weil viele Parameter miteinander wechselwirken [152–155]. Beispielsweise legt die Peclet-Zahl fest, zu welchen Anteilen sich die Reibungswärme auf den bewegten und still stehenden Reibpartner verteilt, nämlich zu gleichen Anteilen bei niedrigen Pe-Zahlen ($<0,1$) und fast ausschließlich auf die Scheibe bei $Pe > 100$ [151]. Die Peclet-Zahl steigt mit der Gleitgeschwindigkeit und sinkt mit der wahren Kontaktfläche und der Wärmeleitfähigkeit (Gl. 1.9).

Generell bilden die Flächen gleicher Temperatur um die Kontaktstelle Ellipsoide, die in Gleitrichtung zu höheren Werten verzerrt sind [152]. Dies wurde in Abb. 4.16a in einem ebenen Schnitt durch ein Plateau verwendet. Die Kühlwirkung der Kanäle hängt, ohne die genaue Ausbildung der Strömung zu betrachten, davon ab wie weit die Kanalwand von der Wärmequelle entfernt bzw. wie groß die Wärmequelle ist. Offenbar sind die Gegebenheiten bei schmalen Kanälen mit 50 % Flächenanteil günstig zur Kühlung. Die Plateaus sind nämlich klein, so dass der Weg zur Kanalwand klein ist und die Wärmequelle sehr nah an die Kanalwand heranreicht (s. Abb. 4.10), wo der Wärmeübergang ins Öl direkt stattfinden kann. Durch Vergrößerung der Kanaltiefe wird die Wandfläche zum Wärmeaustausch vergrößert. Bei kleinem texturierten Flächenanteil ebenso wie bei breiten Kanälen sind die Plateaus sehr breit, so dass die Wege zur Kanalwand groß werden. Diese Situation ist dann ähnlich der einer polierten Kontaktfläche, wie auch die Ergebnisse zeigen (Abb. 4.15b). Insgesamt nimmt die Kühlwirkung mit abnehmender Plateaugröße und zunehmender Kanaltiefe zu, was die Auftragung über die Texturkenngröße $a_{tex} \cdot d/w$ in Abb. 4.16b bei 3,0 m/s bestätigt. Eine Materialvariation zu SSiC bringt einerseits eine bessere Wärmeleitfähigkeit mit sich, was zu kleineren Werten der Peclet-Zahl führt und damit zur Tendenz, mehr Wärme ins Pellet abzuführen. In die gleiche Richtung wirkt sich die Verkleinerung der wahren Kontaktfläche aufgrund des höheren E-Moduls aus. Dem entgegen bedeutet eine bessere Wärmeleitfähigkeit geringere Blitztemperaturen (s. Gl. 1.10), weswegen sich die Effekte ausgleichen können und das Verhalten dem der Stahl-Selbstpaarung ähnelte. Bei den Fremdpaarungen mit einem Kontaktpartner aus Stahl bleibt die Kontaktfläche in erster Näherung gleich, weil der weichere Körper dafür maßgebend ist.

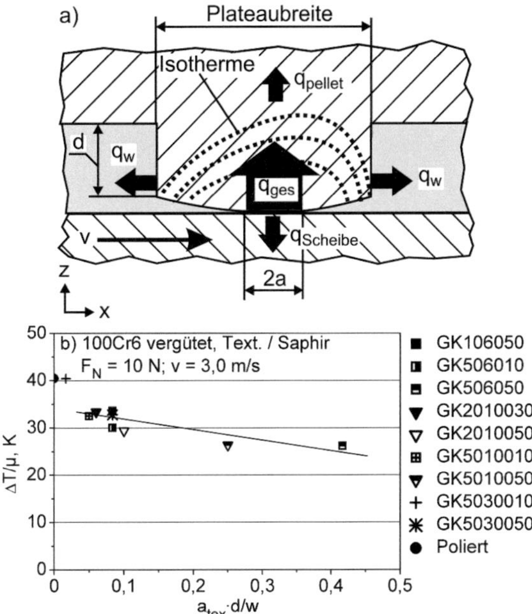

Abb. 4.16: (a) Schematische Darstellung der Wärmeströme in x- und z-Richtung von einer Kontaktstelle in der Mitte eines Plateaus mit Isothermen nach dem Modell von Archard [152] und (b) auf die Reibungszahl normierte Kontakttemperaturerhöhung über der Texturkenngröße $a_{tex} \cdot d/w$ von 10 texturierten 100Cr6/Saphir Paarungen inklusive der untexturierten Referenz ($v = 3{,}0$ m/s, $F_N = 10$ N, 8,9 mm^3/s FVA-Öl Nr. 3).

Zur Wärmeabfuhr über das Öl spielt die Wärmekapazität des Öls und die Strömungsart eine wichtige Rolle. Bei laminarer Strömung herrscht keine Durchmischung vor. Die schlechte Wärmeleitfähigkeit von Öl ($0{,}15$ $W/m \cdot K$) schränkt die Wärmeleitung in den Strömungsschichten ein, weswegen nur eine dünne Strömungsschicht die Wärme ableitet. Bei turbulenter Strömung herrscht eine größere Durchmischung vor, wodurch ein größeres Ölvolumen am Wärmeaustausch teilnimmt und mehr Wärme aufgenommen werden kann. Der Übergang zu turbulenter Strömung hängt von der Reynoldszahl Re ab.

$$Re = \frac{v \cdot d_h}{\nu} \tag{4.10}$$

$$d_h = \frac{2 \cdot w \cdot d}{w + d} \tag{4.11}$$

Mit der Gleitgeschwindigkeit v, dem hydraulischen Durchmesser d_h für rechteckigen Kanalquerschnitt, der Kanalbreite w, der Kanaltiefe d und der kinematischen Viskosität

ν wird turbulente Strömung bei Reynoldszahlen größer 2300 erwartet, also mit steigender Geschwindigkeit, größeren Kanalquerschnitten und steigender Öltemperatur. Darüber hinaus nimmt die kritische Reynoldzahl für den Übergang zu turbulenter Strömung mit steigender Kanalrauheit ab. Somit sind feine Kanäle vom Wärmeleitungsaspekt her vorteilhaft, begünstigen jedoch laminare Strömung. Grobe Kanäle führen durch lange Wege die Wärme schlecht ins Öl ab, begünstigen aber turbulente Strömung.

4.5 Modellkurvenverläufe

In Abb. 4.17 sind typische Verläufe der Reibungszahl, Schmierfilmdicke und der Kontakterwärmung in Abhängigkeit von der Gleitgeschwindigkeit schematisch aufgetragen. Damit werden Messungen sowohl im „In situ-Tribometer als auch im UMT3-Tribometer zusammengefasst. In Abb. 4.17c ist die maximale Schmierfilmdicke h_{max} (Gl. 4.4) als Resultat aus den Betrachtungen in Kap. 4.2 als Schmierfilmdickenverlauf bei hohen Gleitgeschwindigkeiten eingetragen.

Typ I:

Diesen Typ kennzeichnen hohe, mit steigender Gleitgeschwindigkeit ansteigende Schmierfilmdicken (Abb. 4.17c) und generell niedrige, mit steigender Gleitgeschwindigkeit ansteigende Reibungszahlwerte, womit im Bereich des „In situ-Tribometers" hydrodynamisches Verhalten vorherrschte. Bei höheren Gleitgeschwindigkeiten $> 0{,}30$ m/s zeigten Paarungen dieses Typs die niedrigste Kontakterwärmung. Dieser Typ trat beispielsweise bei der nur polierten Referenzpaarung (Abb. 3.9, Abb. 3.10), Paarungen mit runden Näpfchen (Abb. 3.22, Abb. 3.24), mit breiten, flachen gekreuzten Kanälen ($w{=}300\mu$m, Abb. 3.19a) oder bei Texturen, die einen Ölstau begünstigten, wie die 45 ° orientierten, parallelen Kanäle (Abb. 3.26) auf.

Typ II:

Im Unterschied zu Typ I zeigte sich bei Typ II mit abnehmender Gleitgeschwindigkeit unterhalb einer kritischen Geschwindigkeit (v_{krit}) ein Übergang in die Mischreibung mit ansteigenden Reibungszahlwerten und Schmierfilmdicken < 1 µm. v_{krit} verschob sich mit steigendem texturierten Flächenanteil (Abb. 3.17), steigender Normalkraft (Abb. 3.16 und 3.25) und steigender Kanaltiefe (Abb. 3.18) zu höheren Gleitgeschwindigkeiten, wodurch Mischreibung begünstigt wurde. Bei höheren Gleitgeschwindigkeiten waren

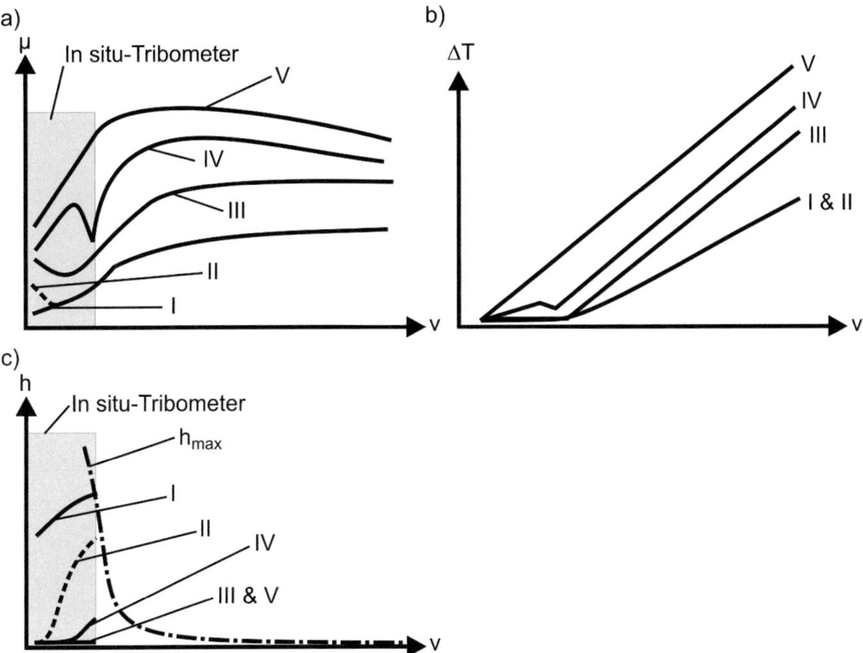

Abb. 4.17: Schematische Darstellung von fünf typischen Verläufen (a) der Reibungszahl, (b) der Kontakterwärmung und (c) der Schmierfilmdicke in Abhängigkeit von der Gleitgeschwindigkeit als Zusammenfassung der Triboversuche bei konstanter Normalkraft und Ölvolumenstrom.

Paarungen dieses Typs denen von Typ I sehr ähnlich. Vorwiegend wurde dieser Typ bei kanalartig, texturierten Paarungen mit 10 µm tiefen Kanälen beobachtet, die ein Abfließen des Schmiermittels aus dem Kontakt begünstigten (Abb. 3.18, Abb. 3.26 und Abb. 3.27).

Typ III:

Bei einem Reibungsverhalten nach Typ III lagen im Bereich des „In situ-Tribometers" keine messbaren Schmierfilmdicken vor, so dass Misch- und Grenzreibung die vorwiegenden Reibungszustände waren. Der Reibungszahlverlauf zeigte jedoch zunächst mit steigender Gleitgeschwindigkeit zu einem Minimum hin abfallende Werte, die mit einer Verringerung der Festkörperreibung erklärt wurden, und im weiteren Verlauf durch mit steigender Gleitgeschwindigkeit wachsende Scherraten im Ölfilm bei den Plateaus wieder ansteigende Werte. Die Kontakttemperaturen lagen bei Typ III deutlich höher als bei Typ I und II. Zudem fiel der Anstieg der Reibungszahl im Gleitgeschwindigkeitsbereich zwischen 0,5 und 2,0 m/s in der Regel steiler aus im Vergleich zum vorherigen Typ I. Typ III Verhalten wurde bei Paarungen mit 300 µm breiten, parallelen und gekreuzten Kanälen texturierten Pellets mit Texturtiefen $d > 20$ µm beobachtet (Abb. 3.18, Abb. 3.27 und Abb. 3.30d).

Typ IV:

Der charakteristische Schmierfilmdickenverlauf von Typ IV zeichnete sich durch mittlere kritische Gleitgeschwindigkeiten und mit steigender Gleitgeschwindigkeit rasch ansteigende Schmierfilmdicken aus. Bei $v < v_{krit}$ stiegen die Reibungszahlwerte mit steigender Gleitgeschwindigkeit durch steigende Scherraten im Ölfilm auf ein Maximum nahezu linear an und bei $v > v_{krit}$ fielen die Reibungszahlen auf Typ I ähnliche Werte ab. Bei hohen Gleitgeschwindigkeiten waren die Reibungszahlen und Kontakterwärmungen denen vom Typ III ähnlich. Bei „UMT3"-Versuchen trat dieser Typ bei mit GK5010010 texturierten Stahl- und SSiC-Pellets auf (Abb. 3.30 und Abb. 3.32) und bei Versuchen im „In situ-Tribometer" bei Paarungen mit schmalen, parallelen Kanaltexturen mittlerer Texturtiefe, beispeilsweise $d = 30$ µm in Abb. 3.27a.

Typ V:

Verläufe wie Typ V ergaben sich aus Typ IV, wenn die kritische Gleitgeschwindigkeit größer 0,30 m/s war und somit kein messbarer Schmierfilm ($h < 1$ µm) vorlag. Außerdem bestimmten hohe Scherraten im Ölfilm den gesamten Reibungszahlverlauf mit der Gleitgeschwindigkeit nahezu linear ansteigenden Werten. Es trat ein Maximum der Reibung im Bereich von 3,0 m/s auf, ab welchem die Werte wieder abfielen oder in eine Sättigung verliefen. Derartiges Reibungsverhalten trat bei 60 oder 100 µm breiten und 50 µm tiefen Kanaltexturen auf (Abb. 3.18, Abb. 3.19 und Abb. 3.27).

5 Zusammenfassung

In der vorliegenden Arbeit wurden vergüteter 100Cr6-Stahl, Saphir und SSiC (EKasic F) als Pellets und Scheiben mit polierten Kontaktflächen oder texturierter Pelletwirkfläche miteinander gepaart. In Modellversuchen wurden die Paarungen mit einsinniger Gleitung unter Öltropfschmierung mit dem hochviskosen Mineralöl FVA-Öl Nr. 3 (ISO VG 100) beansprucht. Als Pellets dienten auf eine runde Kontaktfläche mit dem Durchmesser von $7{,}2 \pm 0{,}1$ mm abgeplattete Kugeln. Die Scheiben wiesen Durchmesser von 50 mm und Dicken von 5 mm auf. Die Pellets wurden auf einem Spurradius von 18 mm gefahren.

Die Wirkflächentexturierung wurde mit einem Lasersystem Piranha II Multi (Fa. Acsys) mit einer Nd:YVO$_4$-YAG-Strahlenquelle der Wellenlänge 1062 nm durchgeführt. Zwei nicht kommunizierende Muster, runde Näpfchen (RN) und parallele Kanäle (PK) sowie gekreuzte Kanäle (GK) als kommunizierendes Muster wurden mit den Breiten von 60, 100 und 300 µm, den Tiefen von 10, 20, 30 und 50 µm sowie Flächenanteilen zwischen 10 und 75 % untersucht.

Mit hochauflösender Schmierfilmdicken- und Reibungszahlmessung wurden im „In situ-Tribometer" bei Gleitgeschwindigkeiten bis 0,30 m/s und Normalkräften bis 10 N Zusammenhänge zwischen Belastungs- (Gleitgeschwindigkeit, Normalkraft) und Texturparametern (Flächenanteil a_{tex}, Breite w, Tiefe d) untersucht. Mit Saphir als transparentem Scheibenmaterial wurden Strömungsvorgänge in Hinblick auf die Entwicklung oder Änderung von Schmierungszuständen in der Kontaktzone beobachtet.

In einem zweiten Tribometer (UMT3, Fa. CETR) wurde die Übertragbarkeit der Ergebnisse aus den Untersuchungen im „In situ-Tribometer" auf Gleitgeschwindigkeiten bis 10,0 m/s und Normalkräfte bis 60 N untersucht, und andererseits Zusammenhänge der Temperaturentwicklung mit unterschiedlichen Texturierungen und Materialien ermittelt. Mit Hochgeschwindigkeitsaufnahmen konnte eine Durchströmung von 100 µm breiten und 50 µm tiefen, parallelen Kanälen mit dem hochviskosen Öl bei 0,30 m/s bestätigt werden. In Untersuchungen von Paarungen mit unterschiedlich orientierten, parallelen Kanälen begünstigten jene unter 0 und 135 ° zur Gleitrichtung sowie die mit gekreuzten

Kanälen ein Abfließen von Öl aus der Kontaktzone und führten zu niedrigeren Schmier-filmdicken als untexturierte Paarungen. Parallele Kanäle unter 45 und 90 ° hemmten das Abfließen von Öl und erhöhten die Schmierfilmdicke im Vergleich zum Referenzwert nur polierter Kontaktflächen (h_{pol}).

Paarungen mit konvergenten Kanälen (Abb. 2.3c) mit einer Tiefe von 10 µm verur-sachten die größten Schmierfilmdicken, nämlich 52 % höhere Filmdicken als die polier-te Referenzpaarung. Einer Reduktion der Schmierfilmdicke durch Abfluss begünstigende Texturen könnte mit solchen Elementen entgegengewirkt werden.

Auf der Basis des begünstigten Abfließens von Schmiermittel aus der Kontaktzone wurde ein Reibungsmodell entwickelt und eine Texturkenngröße $a_{tex} \cdot d$ abgeleitet, anhand derer die Wirkung kanalartiger Mikrotexturierungen in zwei Bereiche unterteilt werden konnte. Dabei zeigte sich ein hydrodynamischer Bereich, in dem die Kanäle eine Reduktion des Schmierfilms proportional zum texturierten Volumen verursachten und ein Grenz- und Mischreibungsbereich, bei dem kein messbarer, trennender Schmierfilm vorlag, weil dort das verfügbare Öl komplett von den Kanälen abgeführt wurde. Das Modell wurde um einem Korrekturfaktor k (Abb. 4.9) erweitert, der die Abweichung der Kanalform vom rechteckigen Querschnitt berücksichtigte. Das deskriptive Modell ermöglicht erstmals die Auswirkungen kanalartiger Mikrotexturierungen auf das Reibungsverhalten mit den ver-wendeten Texturparametern zu beschreiben. Die abgeleitete Texturkenngröße $a_{tex} \cdot d$ kann zur Dimensionierung einer Texturierung mit gekreuzten Kanälen bezüglich des Übergangs von Flüssigkeits- zu Misch- bzw. Grenzreibung sowie der Reibungszahl im Bereich $\beta_s = 0$ verwendet werden. Im Grenz- und Mischreibungsbereich traten durch kanalartige Mikro-texturierungen die größten Reibungszahlerhöhungen auf, welche mit der Texturkenngröße $a_{tex} \cdot d/w$ einen linearen Zusammenhang beschrieben. Zudem wurde bei Texturierungen mit gekreuzten Kanälen durch Normierung der gemessenen Kontakterwärmung auf die Reibungszahl eine Kühlwirkung festgestellt, die linear mit der Texturkenngröße $a_{tex} \cdot d/w$ anstieg. Die Kenngröße $a_{tex} \cdot d/w$ dient somit zur Abschätzung der Reibungszahl und der Kühlwirkung im Bereich $\beta_s \neq 0$. Das Modell wurde im UMT3-Tribometer bei Gleit-geschwindigkeiten bis 10,0 m/s bestätigt.

Paarungen mit der Texturierung mit gekreuzten Kanälen zeigten die höchsten Reibungs-zahlen (Abb. 3.18a), die bei sehr niedrigen Schmierfilmdicken von $h \ll 1$ µm linear mit der Gleitgeschwindigkeit anstiegen und unabhängig von der Schmiermittelmenge waren. In Anlehnung an die Theorie der Mikrohydrodynamik wurde die Reibungszahl-erhöhung auf hohe Scherraten des Schmierfilms auf den Plateaus zurückgeführt. Viskose

Reibungskräfte an der Kanalwand wurden durch Abschätzung mittels computergestützter Simulationen und Kapillarkräfte durch Messung der Abhebekraft als Ursachen für die hohen Reibungszahlen ausgeschlossen.

Literaturverzeichnis

[1] H. Czichos, et al.: Advances in tribology: The materials point of view. Wear, 190
[2] (1995) 155–161.

[2] K.-H. Zum Gahr, U. Litzow, K. Poser: Modelluntersuchungen zum Einsatz von In-
genieurkeramik in Gleit- und Friktionssystemen. Tribologie und Schmierungstechnik, 6 (2005) 5–10.

[3] J. P. Häntsche, U. Spicher: Ceramic components for high pressure gasoline fuel
injection pumps. Materialwissenschaft und Werkstofftechnik, 36 [3-4] (2005) 108–
116.

[4] E. Peter, K.-H. Zum Gahr: Influence of surface finish and speed on reciprocating sliding wear of laser modified oxide ceramics in aqueous media. Materialwissenschaft
und Werkstofftechnik, 36 [3-4] (2005) 129–135.

[5] K. H. Zum Gahr, M. Mathieu, B. Brylka: Friction control by surface engineering
of ceramic sliding pairs in water. Wear, 263 [2] (2007) 920–929.

[6] M. Wöppermann, K.-H. Zum Gahr: Mikrostrukturierung keramischer Funktionsflächen für mediengeschmierte Gleitsysteme. Proc. 3. Statuskolloquium SFB483,
Karlsruhe 2007, S. 71-80.

[7] M. Wöppermann, K.-H. Zum Gahr: Stahl/Keramik-Gleitpaare mit laserstruktu-
rierten Funktionsflächen unter reversierender Beanspruchung in Isooktan. Proc.
Tribologie - Fachtagung 2007, Gesellschaft für Tribologie (GfT), Göttingen 2007,
Band I, S. 12/1-10.

[8] A. Albers, et al.: Keramik als Friktionswerkstoff im CVT-Getriebe. Innovative Pro-
dukte durch neue Werkstoffe, interaktive Entwicklung von Materialien, Fertigung
und Erzeugnis. VDI-Berichte 1595, Düsseldorf (2001), S. 199-211.

[9] A. Albers, S. Ott, J. Bernhardt: Experimentelle Untersuchungen zum Systemverhalten von Keramik-Keramik Friktionspaarungen in nasslaufenden Friktionssystemen eines CVT-Variators. Tribologie - Fachtagung 2006, Gesellschaft für Tribologie (GfT), Göttingen 2006, S.67/1-7.

[10] A. Albers, A. Arslan: Leistungssteigerung von Kraftfahrzeugkupplungen durch Einsatz von Keramik und die Auswirkungen auf die Systemkonstruktion. In H. Gasthuber (Hrsg.): Keramik im Fahrzeugbau, Deutsche Keramik Gesellschaft, Köln (2003), S. 47-54.

[11] A. Albers, J. Bernhardt, S. Ott: Experimentelle Untersuchung geschmierter Friktionssysteme mit ingenieurkeramischen Werkstoffen am Beispiel einer nasslaufenden Lamellenkupplung. Proc. Tribologie - Fachtagung 2008, Gesellschaft für Tribologie (GfT), Göttingen 2008, S. 34/1-9.

[12] K. Wauthier, K.-H. Zum Gahr: Ölgeschmierte Friktionssysteme mit wirkflächenstrukturierten Keramik/Stahl-Paarungen. Tribologie und Schmierungstechnik, 55 [3] (2008) 5–9.

[13] K. Poser, J. Schneider, K.-H. Zum Gahr: Development of Al_2O_3 based ceramics for dry friction systems. Wear, 259 (2005) 529 –536.

[14] A. Albers, S. Ott, M. Mitariu: Innovative schaltbare Kupplungssysteme auf Basis ingenieurkeramischer Friktionswerkstoffe. VDI-Berichte 1987, Kupplungen und Kupplungssysteme in Antrieben, Wiesloch (2007), S. 307-328.

[15] I. Etsion: Improving tribological performance of mechanical components by laser surface texturing. Tribology Letters, 17 (2004) 733–737.

[16] S. Schreck, K. Zum Gahr: Laser-assisted structuring of ceramic and steel surfaces for improving tribological properties. Applied Surface Science, 247 [1-4] (2005) 616–622.

[17] A. Kovalchenko, et al.: The effect of laser surface texturing on transitions in lubrication regimes during unidirectional sliding contact. Tribology International, 38 [3] (2005) 219–225.

[18] K.-H. Zum Gahr: Surface texturing with lubricated ceramic sliding pairs. Proc. 16th International Colloquium Tribology – Automotive and Industrial Lubrication, Esslingen (2008), CD-ROM, 5 pages.

[19] K.-H. Zum Gahr, R. Wahl, K. Wauthier: Experimental study of the effect of microtexturing on oil lubricated ceramic/steel friction pairs. Wear, 267 (2009) 1241–1251.

[20] H. P. Jost: Tribology: How a word was coined 40 years ago. Tribology & Lubrication Technology, 62 [3] (2006) 24–28.

[21] H. Czichos, K.-H. Habig: Tribologie Handbuch. Vieweg Verlag, Wiesbaden, (1992).

[22] G. Fleischer, H. Wamser: Terminologie Reibung und Verschleiß. Schmierungstechnik, 3 (1972) 7–12.

[23] O. Pigors: Werkstoffe in der Tribotechnik; Reibung, Schmierung und Verschleissbeständigkeit von Werkstoffen und Bauteilen. Dt. Verl. für Grundstoffindustrie, Leipzig, (2001).

[24] J. Archard: Friction between metal surfaces. Wear, 113 [1] (1986) 3–16.

[25] B. Bhushan: Contact mechanics of rough surfaces in tribology: multiple asperity contact. Computer Microtribology and Contamination Laboratory, 4 (1997) 1–35.

[26] X. Shi, A. A. Polycarpou: Adhesive effects on dynamic friction for unlubricated rough planar surfaces. Journal of Tribology-Transactions of the ASME, 128 [4] (2006) 841–850.

[27] F. Bucher: Considering real and synthetic micro-roughness in 2d and 3d metal contacts. Tribology International, 39 [5] (2006) 387–400.

[28] I. Goryacheva: Mechanics of discrete contact. Tribology International, 39 [5] (2006) 381–386.

[29] A. Almqvist, et al.: On the dry elasto-plastic contact of nominally flat surfaces. Tribology International, 40 [4] (2007) 574–579.

[30] J. Schmaehling, F. A. Hamprecht: Generalizing the Abbott-Firestone curve by two new surface descriptors. Wear, 262 [11-12] (2007) 1360–1371.

[31] L. Rapoport: Steady friction state and contact models of asperity interaction. Wear, 267 [5-8] (2009) 1305–1310.

[32] J. A. Greenwood, J. B. P. Williamson: Contact of nominally flat surfaces. Proceedings of the Royal Society of London. Series A, Mathematical and Physical Sciences, 295 (1966) 300–319.

[33] J. F. Archard: Surface topography and tribology. Tribology, 7 [5] (1974) 213–220.

[34] G. Adams, M. Nosonovsky: Contact modeling — forces. Tribology International, 33 (2000) 431–442.

[35] F. P. Bowden, D. Tabor: Reibung und Schmierung fester Körper. Springer Verlag, Berlin, Göttingen, Heidelberg, (1959).

[36] H. Czichos: Forschung in der Tribologie. Tribologie und Schmierungstechnik, 31 (1984) 254–263.

[37] D. Kuhlmann-Wilsdorf: Demystifying flash temperatures I. Analytical expressions based on a simple model. Materials Science and Engineering, 93 (1987) 107–118.

[38] D. Kuhlmann-Wilsdorf: Demystifying flash temperatures II. First-order approximation for plastic contact spots. Materials Science and Engineering, 93 (1987) 119–133.

[39] M. Schilling: Referenzöle für Wälz- und Gleitlager, Zahnrad- und Kupplungsversuche - Datensammlung für Mineralöle. VDI-Z, 123 [23-24] (1981) 1–85.

[40] O. Reynolds: On the theory of lubrication and its application to mr. beauchamp tower's experiments, including an experimental determination of the viscosity of olive oil. Philosophical Transactions of the Royal Society of London, 177 (1886) 157–234.

[41] G. W. Stachowiak, A. Batchelor: Engineering Tribology. Butterworth-Heinemann, Boston (USA), (2001).

[42] G. Knoll: Elasto-hydrodynamische Simulationstechnik mit integriertem Mischreibungskontakt. Materialwissenschaft und Werkstofftechnik, 34 (2003) 946–952.

[43] K. Tønder: Mathematical verification of the applicability of modified Reynolds equations to striated rough surfaces. Wear, 44 [2] (1977) 329–343.

[44] D.-C. Sun: On the effects of two-dimensional Reynolds roughness in hydrodynamic lubrication. Proceedings of the Royal Society of London. Series A, Mathematical and Physical Sciences, 364 (1978) 89–106.

[45] N. Patir, H. S. Cheng: An average flow model for determining effects of three-dimensional roughness on partial hydrodynamic lubrication. Journal of Lubrication Technology-Transactions of the ASME, 100 (1978) 12–17.

[46] N. Patir, H. S. Cheng: Application of average flow model to lubrication between rough sliding surfaces. Journal of Lubrication Technology-Transactions of the AS-ME, 101 (1979) 220–230.

[47] G. Knoll, et al.: Effect of contact deformation on flow factors. Journal of Tribology - Transactions of the ASME, 120 (1998) 140–142.

[48] T. W. Kim, Y. J. Cho: The flow factors considering the elastic deformation for the rough surface with a non-gaussian height distribution. Tribology Transactions, 51 (2008) 213–220.

[49] J. H. Tripp: Surface roughness effects in hydrodynamic lubrication: the flow factor method. Journal of Lubrication Technology-Transactions of the ASME, 105 (1983) 458–463.

[50] R. Larsson: Modelling the effect of surface roughness on lubrication in all regimes. Tribology International, 42 [4] (2009) 512–516.

[51] S. R. Harp, R. F. Salant: An average flow model of rough surface lubrication with inter-asperity cavitation. Journal of Tribology - Transactions of the ASME, 123 (2001) 134–143.

[52] H. J. Peeken, et al.: On the numerical determination of flow factors. Journal of Tribology - Transactions of the ASME, 119 (1997) 259–264.

[53] S.-W. Lo, T.-S. Yang: A microwedge model of sliding contact in boundary/mixed lubrication. Wear, 261 [10] (2006) 1163–1173.

[54] L.-M. Chu, et al.: Coupled effects of surface roughness and flow rheology on elastohydrodynamic lubrication. Tribology International, 43 [1-2] (2010) 483–490.

[55] G. Bayada, S. Martin, C. Vazquez: An average flow model of the Reynolds roughness including a mass-flow preserving cavitation model. Journal of Tribology - Transactions of the ASME, 127 (2005) 793–802.

[56] A. Almqvist, J. Dasht: The homogenization process of the Reynolds equation describing compressible liquid flow. Tribology International, 39 [9] (2006) 994–1002.

[57] A. Almqvist, et al.: Homogenization of the unstationary incompressible Reynolds equation. Tribology International, 40 [9] (2007) 1344–1350.

[58] A. Almqvist, et al.: New concepts of homogenization applied in rough surface hydrodynamic lubrication. International Journal of Engineering Science, 45 [1] (2007) 139–154.

[59] F. Sahlin, et al.: Rough surface flow factors in full film lubrication based on a homogenization technique. Tribology International, 40 [7] (2007) 1025–1034.

[60] F. Sahlin: Lubrication, contact mechanics and leakage between rough surfaces. Phdthesis, Luleå, University of Technology, Department of Applied Physics and Mechanical Engineering, Division of Machine Elements (2008).

[61] F. Meng, et al.: Study on effect of dimples on friction of parallel surfaces under different sliding conditions. Applied Surface Science, 256 (2009) 2863–2875.

[62] M. Geiger, S. Roth, W. Becker: Influence of laser-produced microstructures on the tribological behaviour of ceramics. Surface and Coatings Technology, 100-101 (1998) 17–22.

[63] X. Wang, et al.: The effect of laser texturing of SiC surface on the critical load for the transition of water lubrication mode from hydrodynamic to mixed. Tribology International, 34 (2001) 703–711.

[64] X. Wang, K. Kato, K. Adachi: The lubrication effect of micro-pits on parallel sliding faces of SiC in water. Lubrication engineering, 58 [8] (2002) 27–34.

[65] V. Marian: Lubrication of textured surfaces. Mechanical Engineering, 2 (2002) 17–19.

[66] M. Wakuda, et al.: Effect of surface texturing on friction reduction between ceramic and steel materials under lubricated sliding contact. Wear, 254 (2003) 356–363.

[67] I. Etsion: State of the art in laser surface texturing. Journal of Tribology-Transactions of the ASME, 127 [1] (2005) 248–253.

[68] S. Aldajah, et al.: Effect of laser surface modifications tribological performance of 1080 carbon steel. Journal of Tribology-Transactions of the ASME, 127 [3] (2005) 596–604.

[69] P. Brajdic-Mitidieri, et al.: CFD analysis of a low friction pocketed pad bearing. Journal of Tribology - Transactions of the ASME, 127 (2005) 803–812.

[70] G. Ryk, I. Etsion: Testing piston rings with partial laser surface texturing for friction reduction. Wear, 261 [7-8] (2006) 792–796.

[71] P. Andersson, et al.: Microlubrication effect by laser-textured steel surfaces. Wear, 262 [3-4] (2007) 369–379.

[72] A. Borghi, et al.: Tribological effects of surface texturing on nitriding steel for high-performance engine applications. Wear, 265 [7-8] (2008) 1046–1051.

[73] R. Seemann, et al.: Wetting morphologies at microstructured surfaces. Proceedings of the National Academy of Sciences, 102 [6] (2005) 1848–1852.

[74] J. L. Streator: A model of liquid-mediated adhesion with a 2D rough surface. Tribology International, 42 [10] (2009) 1439–1447.

[75] C. Xie, J. Hartnett: Influence of variable viscosity of mineral oil on laminar heat transfer in a 2:1 rectangular duct. International Journal of Heat and Mass Transfer, 35 [3] (1992) 641–648.

[76] J. Koo, C. Kleinstreuer: Viscous dissipation effects in microtubes and microchannels. International Journal of Heat and Mass Transfer, 47 (2004) 3159–3169.

[77] G. D. Ngoma, F. Erchiqui: Heat flux and slip effects on liquid flow in a microchannel. International Journal of Thermal Sciences, 46 [11] (2007) 1076–1083.

[78] J. Barber, et al.: Hydrodynamics and heat transfer during flow boiling instabilities in a single microchannel. Applied Thermal Engineering, 29 [7] (2009) 1299–1308.

[79] T. Harirchian, S. V. Garimella: Microchannel size effects on local flow boiling heat transfer to a dielectric fluid. International Journal of Heat and Mass Transfer, 51 [15-16] (2008) 3724–3735.

[80] X. Lu, A. G. A. Nnanna: Experimental study of fluid flow in microchannel. 2008 ASME International Mechanical Engineering Congress and Exposition, Boston (2008).

[81] H. S. Park, J. Punch: Friction factor and heat transfer in multiple microchannels with uniform flow distribution. International Journal of Heat and Mass Transfer, 51 (2008) 4535–4543.

[82] X. Xie, et al.: Numerical study of laminar heat transfer and pressure drop characteristics in a water-cooled minichannel heat sink. Applied Thermal Engineering, 29 [1] (2009) 64–74.

[83] L. Galda, W. Koszela, P. Pawlus: Surface geometry of slide bearings after percussive burnishing. Tribology International, 40 [10-11] (2007) 1516–1525.

[84] B. Denkena, et al.: Auslegung, Fertigung und Charakterisierung von Mikrostrukturen zur tribologischen Funktionalisierung von Oberflächen. Fertigungstechnik, Oberflächentechnik, Beschichtungen, 98 (2008) 486–494.

[85] U. Pettersson, S. Jacobson: Tribological texturing of steel surfaces with a novel diamond embossing tool technique. Tribology International, 39 [7] (2006) 695–700.

[86] T. Dumont, et al.: Laser writing of 2D data matrices in glass. Thin Solid Films, 453-454 (2003) 42–45.

[87] W. Perrie, et al.: Femtosecond laser micro-structuring of alumina ceramic. Applied Surface Science, 248 [1-4] (2005) 213–217.

[88] C. B. Arnold, A. Pique: Laser direct-write processing. Mrs Bulletin, 32 [1] (2007) 9–12.

[89] C. Wang, X. Zeng: Study of laser carving three-dimensional structures on ceramics: Quality controlling and mechanisms. Optics and Laser Technology, 39 [7] (2007) 1400–1405.

[90] C. B. Arnold, P. Serra, A. Pique: Laser direct-write techniques for printing of complex materials. Mrs Bulletin, 32 [1] (2007) 23–31.

[91] K. Sugioka, B. Gu, A. Holmes: The state of the art and future prospects for laser direct-write for industrial and commercial applications. Mrs Bulletin, 32 [1] (2007) 47–54.

[92] M. Stuke, et al.: Direct-writing of three-dimensional structures using laser-based processes. Mrs Bulletin, 32 [1] (2007) 32–39.

[93] M.-F. Chen, et al.: Laser direct write patterning technique of indium tin oxide film. Thin Solid Films, 515 [24] (2007) 8515–8518.

[94] D.-P. Wan, et al.: CO_2 laser beam modulating for surface texturing machining. Optics and Laser Technology, 40 [2] (2008) 309–314.

[95] O. Ajayi, et al.: Frictional anisotropy under boundary lubrication: Effect of surface texture. Wear, 267 [5-8] (2009) 1214–1219.

[96] U. Pettersson, S. Jacobson: Influence of surface texture on boundary lubricated sliding contacts. Tribology International, 36 (2003) 857–864.

[97] B.-R. Höhn, K. Michaelis, O. Kreil: Influence of surface roughness on pressure distribution and film thickness in EHL-contacts. Tribology International, 39 [12] (2006) 1719–1725.

[98] U. Pettersson, S. Jacobson: Textured surfaces for improved lubrication at high pressure and low sliding speed of roller/piston in hydraulic motors. Tribology International, 40 [2] (2007) 355–359.

[99] M. Nakano, et al.: Applying micro-texture to cast iron surfaces to reduce the friction coefficient under lubricated conditions. Tribology Letters, 28 [2] (2007) 131–137.

[100] M.-S. Suh, Y.-H. Chae: Friction characteristic of sliding direction and angle of micro-grooved crosshatch patterns under lubricated contact. Advanced Materials Research, 47-50 (2008) 507–511.

[101] L. Stephens, et al.: Deterministic micro asperities on bearings and seals using a modified LIGA process. Bearing and Seals Laboratory, 126 (2004) 147–154.

[102] W. Yi, X. Dang-Sheng: The effect of laser surface texturing on frictional performance of face seal. Journal of Materials Processing Technology, 197 [1-3] (2008) 96–100.

[103] U. Dulias, L. Fang, K.-H. Zum Gahr: Effect of surface roughness of self-mated alumina on friction and wear in isooctane-lubricated reciprocating sliding contact. Wear, 252 (2002) 351–358.

[104] U. Dulias, K.-H. Zum Gahr: Investigation of Al_2O_3 and SSiC-ceramic under lubricated, reciprocating sliding contact and cavitation erosion. Materialwissenschaft und Werkstofftechnik, 36 [3-4] (2005) 140–147.

[105] R. S. Roy, et al.: Distinct wear characteristics of submicrometer-grained alumina in air and distilled water: A brief analysis on experimental observation. Journal of the American Ceramic Society, 90 [9] (2007) 2987–2991.

[106] D. Hamilton, J. Walowit, C. Allen: A theory of lubrication by microirragularities. Journal of Basic Engineering, 88 (1966) 177 – 185.

[107] Q. Wang, D. Zhu: Virtual texturing: Modeling the performance of lubricated contacts of engineered surfaces. Journal of Tribology-Transactions of the ASME, 127 [4] (2005) 722–728.

[108] I. Etsion, G. Halperin, E. Becker: The effect of various surface treatments on piston pin scuffing resistance. Wear, 261 [7-8] (2006) 785–791.

[109] I. Etsion, et al.: Experimental investigation of laser surface textured parallel thrust bearings. Tribology Letters, 17 (2004) 295–300.

[110] X. Lu, M. Khonsari: An experimental investigation of dimple effect on the Stribeck curve of journal bearings. Tribological Letters, 27 (2007) 169–176.

[111] Y. Kligerman, I. Etsion, A. Shinkarenko: Improving tribological performance of piston rings by partial surface texturing. Journal of Tribology-Transactions of the ASME, 127 [3] (2005) 632–638.

[112] G. Knoll, et al.: Tribologische Systemoptimierung Kolben- / Kolbenring / Zylinderlaufbahn durch Makrokonturierung und Oberflächen-Mikrostrukturierung unter Einsatz gekoppelter mehrkörperdynamischer EHD-Simulation und DOE-Technik. Tribologische Systeme, 61 (2008) 1–13.

[113] A. Ronen, I. Etsion: Friction reducing surface-texturing in reciprocating automotive components. Journal of Tribology - Transactions of the ASME, 44 [3] (2001) 359–366.

[114] H. L. Costa, I. M. Hutchings: Hydrodynamic lubrication of textured steel surfaces under reciprocating sliding conditions. Tribology International, 40 [8] (2007) 1227–1238.

[115] V. Brizmer, Y. Kligerman, I. Etsion: A laser surface textured parallel thrust bearing. Tribology Transactions, 46 (2003) 397–403.

[116] W. Koszela, P. Pawlus, L. Galda: The effect of oil pockets size and distribution on wear in lubricated sliding. Wear, 263 [2] (2007) 1585–1592.

[117] X. Wang, et al.: Optimization of the surface texture for silicon carbide sliding in water. Applied Surface Science, 253 [3] (2006) 1282–1286.

[118] M. Arghir, et al.: Theoretical analysis of the incompressible laminar flow in a macro-roughness cell. Journal of Tribology - Transactions of the ASME, 125 [2] (2003) 309–318.

[119] R. Siripuram, L. Stephens: Effect of deterministic asperity geometry on hydrodynamic lubrication. Journal of Tribology - Transactions of the ASME, 126 (2004) 527–534.

[120] N. Ren, et al.: Micro textures in concentrated-conformal-contact lubrication: Effect of distribution patterns. Tribology Letters, 28 [3] (2007) 275–285.

[121] W. Wang, et al.: Deterministic solutions and thermal analysis for mixed lubrication in point contacts. Tribology International, 40 [4] (2007) 687–693.

[122] M. Fowell, et al.: Entrainment and inlet suction: Two mechanisms of hydrodynamic lubrication in textured bearings. Journal of Tribology - Transactions of the ASME, 129 [2] (2007) 336–347.

[123] T. Nanbu, et al.: Micro-textures in concentrated conformal-contact lubrication: Effects of texture bottom shape and surface relative motion. Tribological Letters, 29 (2008) 241–252.

[124] H. Herwig: Flow and heat transfer in micro systems: is everything different or just smaller? Zeitschrift für Angewandte Mathematik und Mechanik, 82 [9] (2002) 579–586.

[125] M. Gradeck, B. Hoareau, M. Lebouche: Local analysis of heat transfer inside corrugated channel. International Journal of Heat and Mass Transfer, 48 (2005) 1909–1915.

[126] D. Gloss, H. Herwig: Micro channel roughness effects: A close-up view. Heat Transfer Engineering, 30 (2007) 62–69.

[127] J.-Y. Jung, H.-Y. Kwak: Fluid flow and heat transfer in microchannels with rectangular cross section. Heat and Mass Transfer, 44 [9] (2008) 1041–1049.

[128] P. Chung, et al.: Two-phase flow through square and circular microchannels—effects of channel geometry. Journal of Fluids Engineering, 126 (2004) 546–552.

[129] H. Chio, et al.: On the motion of a bubble through microchannel contractions. NSTI-Nanotech, 2 (2006) 497–500.

[130] C. Y. Lee, S. Y. Lee: Influence of surface wettability on transition of two-phase flow pattern in round mini-channels. International Journal of Multiphase Flow, 34 [7] (2008) 706–711.

[131] M.-Y. Zhou, et al.: Effects of surface wettability and roughness of microchannel on flow behaviors of thermo-responsive microspheres therein during the phase transition. Journal of Colloid and Interface Science, 336 [1] (2009) 162–170.

[132] M. E. Steinke, S. G. Kandlikar: Single-phase liquid friction factors in microchannels. International Journal of Thermal Sciences, 45 [11] (2006) 1073–1083.

[133] X. Zheng, Z.-H. Silber-Li: Measurement of velocity profiles in a rectangular microchannel with aspect ratio $\alpha=0.35$. Experiments in Fluids, 44 [6] (2008) 951–959.

[134] G. Xia, et al.: Influence of surfactant on friction pressure drop in a manifold microchannel. International Journal of Thermal Sciences, 47 [12] (2008) 1658–1664.

[135] H. Wang, Y. Wang: Measurement of water flow rate in microchannels based on the microfluidic particle image velocimetry. Measurement, 42 [1] (2009) 119–126.

[136] G. Chakraborty: A note on methods for analysis of flow through microchannels. International Journal of Heat and Mass Transfer, 51 [17-18] (2008) 4583–4588.

[137] K. Sharp, R. Adrian: Transition from laminar to turbulent flow in liquid filled microtubes. Experiments in Fluids, 36 (2004) 741–747.

[138] W. Wibel: Untersuchungen zu laminarer, transitioneller und turbulenter Strömung in rechteckigen Mikrokanälen. Wissenschaftliche Berichte FZKA 7462, Forschungszentrum Karlsruhe (2009).

[139] P. Hugonnot, R. Vidil, M. Lebouche: Flow regimes in a corrugated channel: Experimental and numerical approaches - application to the plate heat exchanger. Proc. 9th Eurotherm Seminar, Bochum 1991, S. 40-44.

[140] A. L. Hazel, M. Heil: The steady propagation of a semi-infnite bubble into a tube of elliptical or rectangular cross-section. Journal of Fluid Mechanics, 470 (2002) 91–114.

[141] H. Herwig, O. Hausner: Critical view on new results in micro-fluid mechanics: an example. International Journal of Heat and Mass Transfer, 46 [5] (2003) 935–937.

[142] A. D. Ferguson, M. Bahrami, J. R. Culham: Review of experimental procedure for determining liquid flow in microchannels. Proc. 3rd International Conference on Microchannels and Minichannels, New York (2005), pp. 303-311.

[143] C. Neto, et al.: Boundary slip in Newtonian liquids: a review of experimental studies. Reports on Progress in Physics, 68 [12] (2005) 2859–2897.

[144] L. Renaud, et al.: Theoretical and experimental studies of microflows in silicon microchannels. Materials Science & Engineering C-Biomimetic and Supramolecular Systems, 28 [5-6] (2008) 910–917.

[145] S. G. Kandlikara, et al.: Characterization of surface roughness effects on pressure drop in single-phase flow in minichannels. Phsyiks of Fluids, 17 (2005) 1–11.

[146] J. R. Valdes, et al.: Introduction of a length correction factor for the calculation of laminar flow through microchannels with high surface roughness. International Journal of Heat and Mass Transfer, 51 [17-18] (2008) 4573–4582.

[147] G. Silva, N. Leal, V. Semiao: Micro-PIV and CFD characterization of flows in a microchannel: Velocity profiles, surface roughness and Poiseuille numbers. International Journal of Heat and Fluid Flow, 29 [4] (2008) 1211–1220.

[148] J. S. McFarlane, D. Tabor: Adhesion of Solids and the Effect of Surface Films. Proceedings of the Royal Society of London. Series A, Mathematical and Physical Sciences, 202 (1950) 224–243.

[149] E. I. Darwish, T. A. Al-Sahhaf, M. A. Fahim: Prediction and correlation of surface tension of naphtha reformate and crude oil. Fuel, 74 [4] (1995) 575–581.

[150] B. Bhushan: Adhesion and stiction: mechanisms, measurement techniques, and methods for reduction. The Journal of Vacuum Science and Technology B, 21 (2003) 2262–2296.

[151] J. Archard: The temperature of rubbing surfaces. Wear, 2 [6] (1959) 438–455.

[152] J. Archard, R. Rowntree: The temperature of rubbing bodies; part 2, the distribution of temperatures. Wear, 128 [1] (1988) 1–17.

[153] J. Jang, M. Khonsari: Thermoelastic instability including surface roughness effects. Journal of Tribology - Transactions of the ASME, 121 (1999) 648–654.

[154] Z. Lestyan, K. Varadi, A. Albers: Contact and thermal analysis of an alumina-steel dry sliding friction pair considering the surface roughness. Tribology International, 40 [6] (2007) 982–994.

[155] N. Laraqi, et al.: Temperature and division of heat in a pin-on-disc frictional device-Exact analytical solution. Wear, 266 [7-8] (2009) 765–770.